horino shuhei

日光県開墾仕法と栃木の近代

その後の報徳仕法

ZUISOUSHA

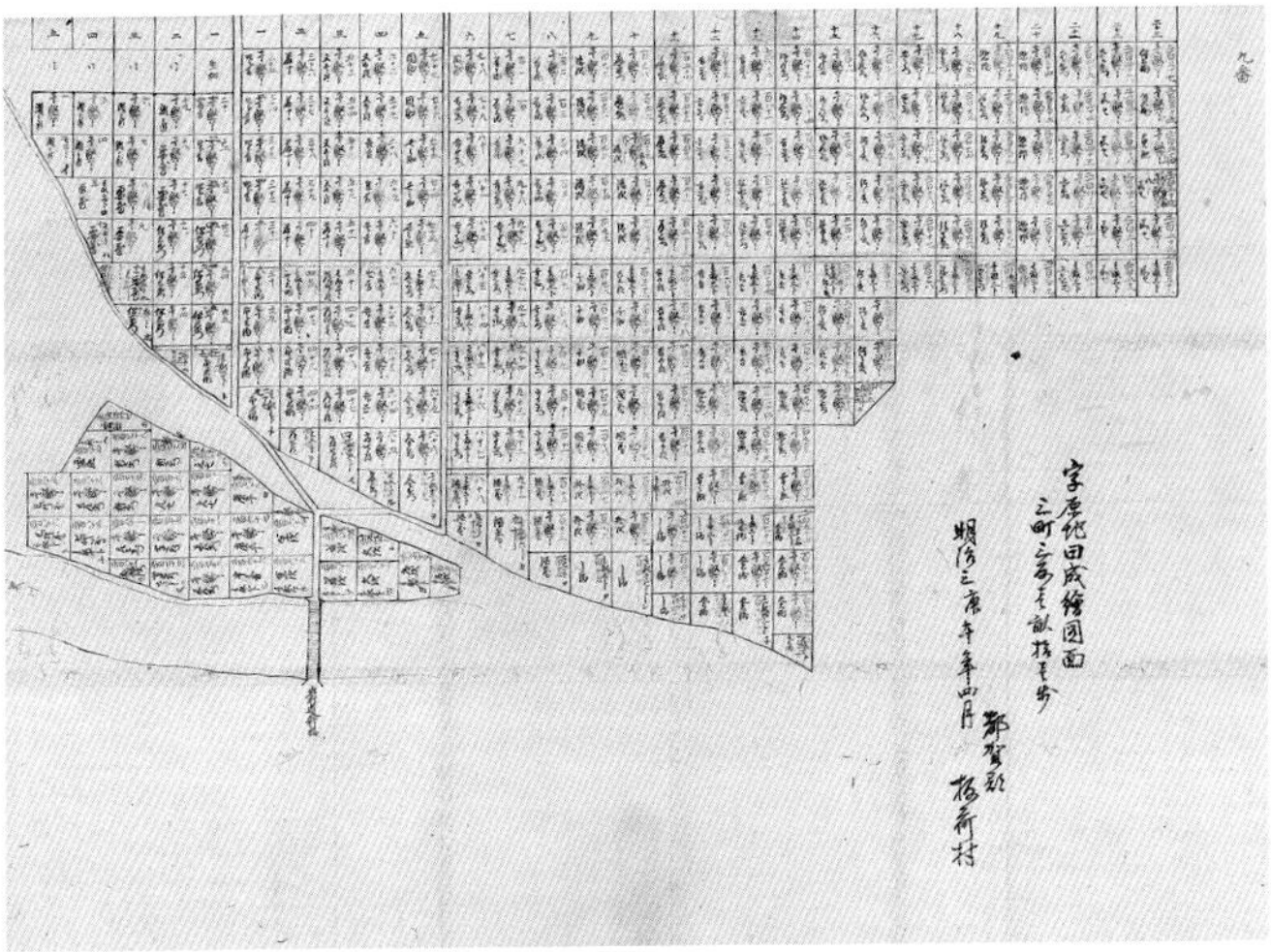

口絵 01　字原地田成絵図（個人蔵、鹿沼市教育委員会提供）

口絵 02　現在の原地（鹿沼市教育委員会提供）

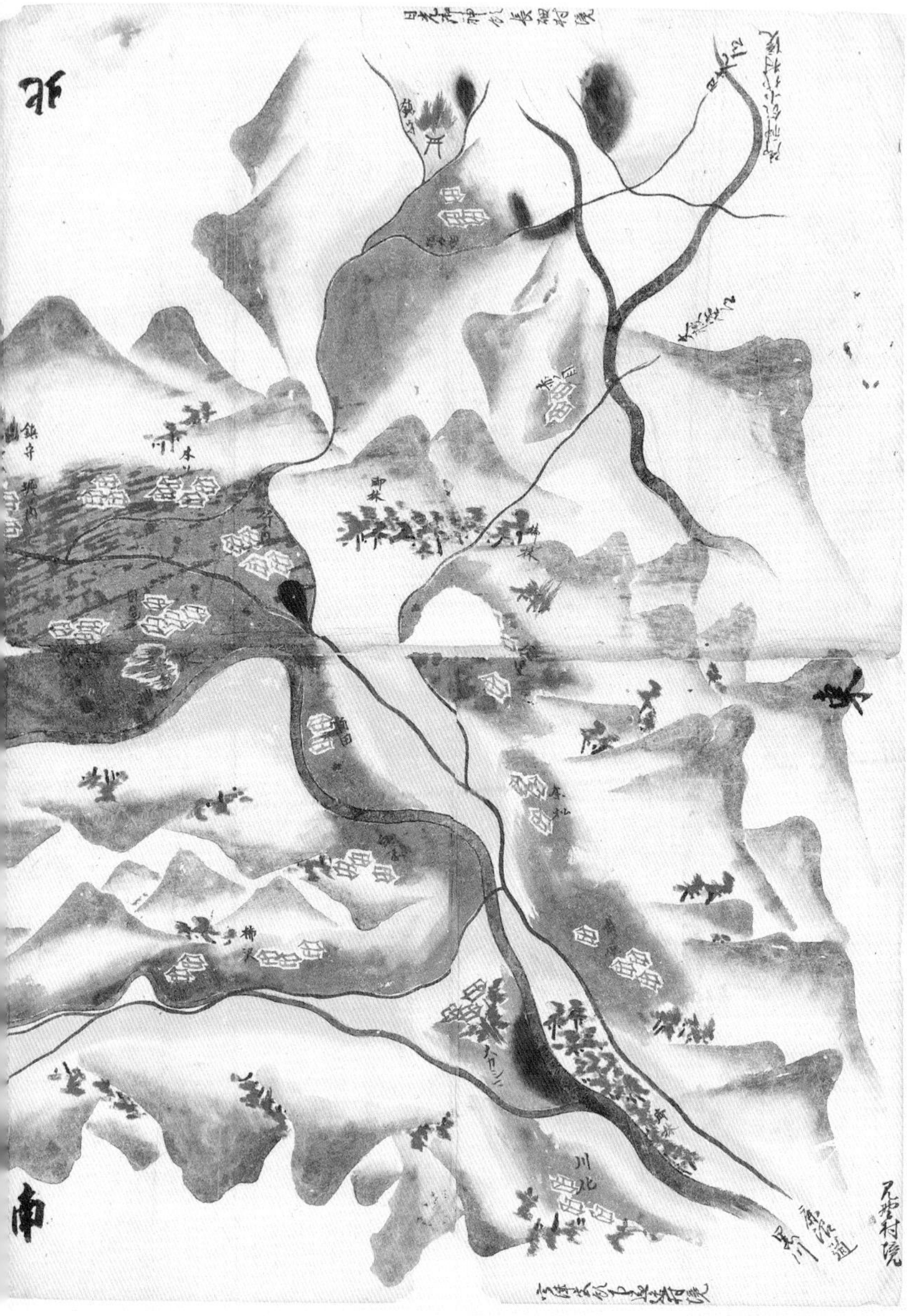

口絵 03　野州都賀郡板荷村麁絵図（個人蔵、鹿沼市教育委員会提供）

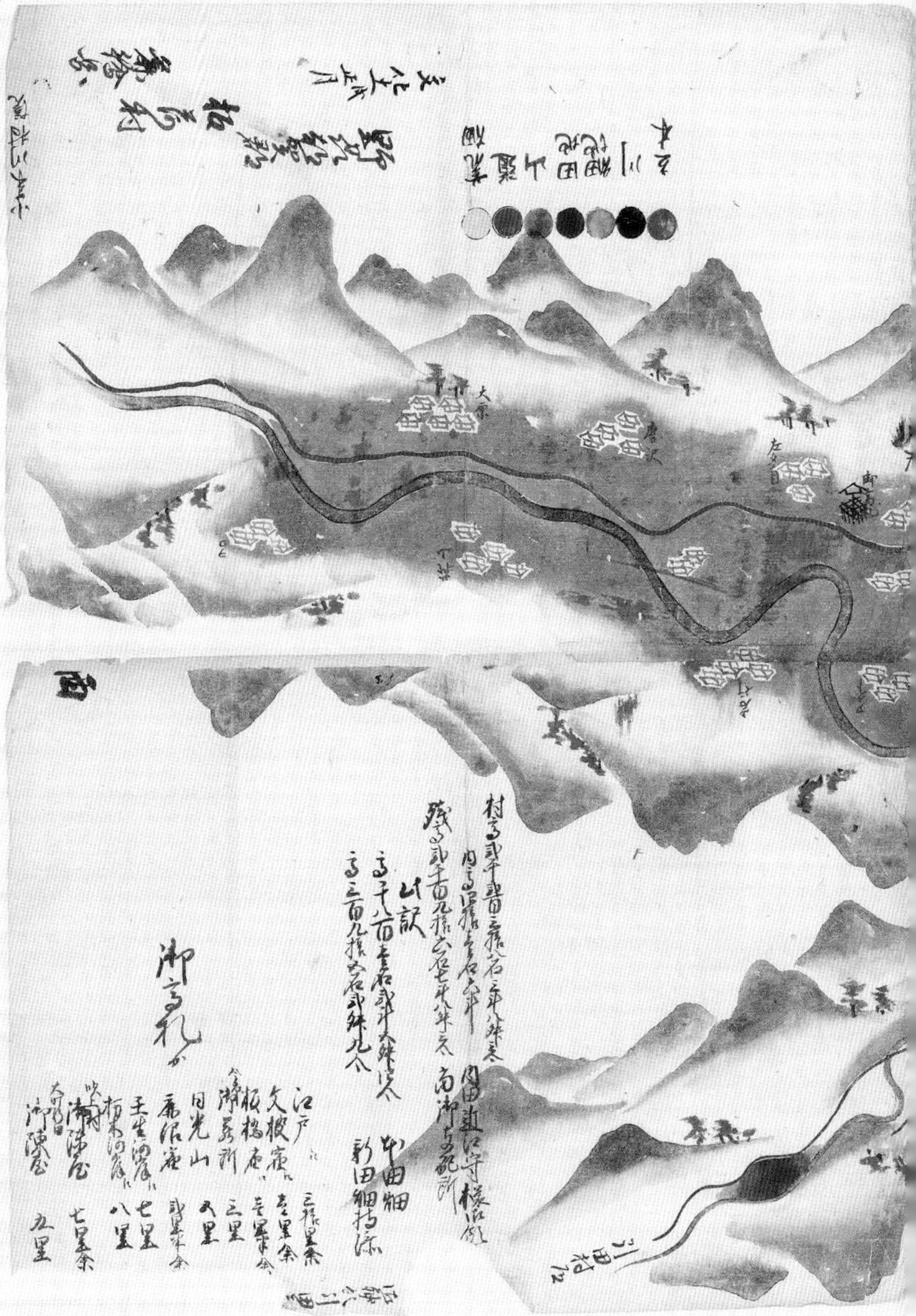

此訳
新田畑
御高札
江戸
日光山
八里
七里
九里
川田村

口絵04　久保田譲（明治十二年明治天皇御下命『人物写真帖』、皇居三の丸尚蔵館所蔵）

堀野周平

日光県開墾仕法と栃木の近代

その後の報徳仕法

はじめに

明治二年（一八六九）、耕地の大半が畑であった下野国都賀郡板荷村《しもつけのくにつがぐんいたが》（現・鹿沼市）に一筋の用水路が開削され、広大な田が整備された。現在、この用水路は開削の指導者にちなんで「久保田堀《くぼたぼり》」と呼ばれている。

開削を指導した人物の名は久保田譲之助《くぼたじょうのすけ》という。栃木県の前身にあたる日光県《にっこうけん》の役人であり、当時、満年齢で二二歳という若者であった。譲之助は、但馬国《たじまのくに》（現・兵庫県北部）の豊岡藩士で、二宮金次郎以来、下野国で行われていた農村復興策〝報徳仕法《ほうとくしほう》〟を学ぶために下野国に来ていたが、戊辰戦争《ぼしんせんそう》の混乱に巻き込まれる中で、紆余曲折を経て日光県に出仕することになった。彼が日光県で担当したのが日光神領《にっこうしんりょう》で行われていた報徳仕法を引き継ぐ形で始まった「荒地起返難村興復之仕法《あれちおこしかえしなんそんこうふくのしほう》」であった。板荷村の久保田堀もその成果の一つである。

この日光県の仕法は大きな成果を挙げ、栃木県にも引き継がれることになる。しかし、一般に下野国における報徳仕法は、戊辰戦争によって終焉を迎えたとされ、久保田譲之助が主導した日光県の仕法は十分に検討されてはいない。例えば、報徳仕法研究の基本文献である『二宮尊徳全集』では、日光県において報徳仕法の継承と残務処理が行われている若干の記述と史料引用があるが、その実態にまでは踏み込んでいない。また、佐藤治由《はるゆき》氏は、久保田譲之助とその父周輔を「報徳仕法の継承者」として紹介しているが、周輔を中心に親子の来歴の概略をまとめるに留まっている（佐藤治由「報徳仕法の継承者―久保田周助・譲之助親子の業績―」）。

さて現在、久保田堀が所在する栃木県鹿沼市では、市内小学校の社会科副読本で複数ページにわたって久保田譲之助と久保田堀が取り上げられている。板荷に市の宿泊型体験施設〝自然体験交流センター〟が所在することもあって、一部の学校では宿泊に合わせて久保田堀の見学も行われる。さらに久保田堀の開削から一五〇年目にあたる令和元年（二〇一九）には、筆者の勤務先である鹿沼市教育委員会等の主催で第五回鹿沼まるごと博物館企画展「二宮尊徳と久保田譲之助―最後の仕法が拓《ひら》いた未来―」と題した展示会が開催された。このように地元では久保田譲之助は、ふるさとの発展に尽くした偉人として知られているのである。

本書は、この企画展の成果とこれまで筆者が発表した論考を元に、日光県の仕法について明らかにしていく。下野国の特質を踏まえて実施された日光県の開墾仕法が栃木の近代の始まりにいかなる影響を及ぼしたのか。そして、時代が変転する困難な中にも関わらず、事業を成功させた久保田譲之助について、鹿沼市内に留まらない多くの方々に知って頂くことができれば幸いである。

なお、本書の副題「その後の報徳仕法」は、二宮金次郎以来、下野国で行われていた仕法の下野国における〝その後〟を意味している。周知のように、近代以降の報徳仕法は掛川の大日本報徳社を中心に全国各地に拡大していくが、本書ではこれらの動向についてては触れていない。また、金次郎自身は「報徳仕法」という語を用いておらず、彼自身が指導した仕法（尊徳仕法）と、後に彼の門人や関係者たちが行っ

第５回鹿沼まるごと博物館企画展「二宮尊徳と久保田譲之助」会場

た仕法（報徳仕法）は区別して考えるべきであるという指摘があることも付言しておきたい（松尾公就『尊徳仕法の展開とネットワーク』）。

以下、引用する史料については一部を現代語訳した。年齢は特に断らない限り数え年である。参考にした文献は、巻末にまとめて掲載している。また、本書の元になった拙稿の情報については「あとがき」に掲載した。

目次

第2章
日光県の成立と展開

第3章
日光県の開墾仕法

第4章 久保田堀の開削

終章 仕法の終焉とその後

序章

下野国の「農村荒廃」と二宮金次郎

下野国の「農村荒廃」

日光県の開墾仕法は、江戸時代後期に下野国の日光神領で行われていた報徳仕法の後継事業である。そこで序章では、下野国で報徳仕法が実施されることになった背景と、仕法の担い手である二宮金次郎《にのみやきんじろう》について先学諸氏の成果に学びつつ確認したい。

江戸時代中期以降、日本全体の人口は停滞的に推移した。しかし、関東では表の通り、宝暦期(一七五一〜一七六四)から天保期(一八三一〜一八四五)にかけて安房国(現・千葉県南部)を除いて人口が減少していた。そのため、関東各地の農村では耕作放棄地が増加し、研究史上「農村荒廃」と呼ばれる現象が発生した。

中でも荒廃現象が激しかったのが常陸国《ひたちのくに》(現・茨城県の大部分)と下野国である。下野国では、享保六年(一七二一)に五六万二十人であった人口が天保五年(一八三四)には三四万二二六二人にまで減少している(『栃木県史』通史編5)。村に住む百姓が

年　次	下野国		関東7か国と全国の人口指数							
	実数	指数	相模	武蔵	安房	上総	下総	常陸	上野	全国
享保6年(1721)	560,020	100.0	100.0	100.0	100.0	100.0	100.0	100.0	100.0	100.0
寛延3年(1750)	554,261	99.0	99.4	93.1	137.1	111.3	104.6	92.0	101.1	99.4
宝暦6年(1756)	533,743	95.3	97.7	93.2	119.0	107.7	104.2	90.1	101.8	100.0
天明6年(1786)	434,797	77.6	89.4	85.5	108.2	95.3	89.1	72.2	91.8	96.2
寛政10年(1798)	413,337	73.8	88.7	87.5	115.5	90.5	89.3	69.2	90.3	97.7
文化元年(1804)	404,495	72.2	88.9	86.9	115.1	89.5	88.2	68.1	87.3	98.3
文政5年(1822)	395,045	70.5	86.3	89.0	120.8	91.4	77.2	69.6	80.2	102.1
文政11年(1828)	375,957	67.1	92.6	90.2	121.8	88.9	91.7	69.6	81.5	104.4
天保5年(1834)	342,262	61.1	94.0	90.1	125.1	89.4	74.1	64.2	79.3	103.8
弘化3年(1846)	378,665	67.6	97.0	93.4	124.2	88.5	96.8	73.2	75.2	103.2
明治5年(1872)	498,520	89.0	114.0	102.1	133.8	103.0	118.9	91.1	89.1	127.0

下野及び関東諸国の人口推移（『栃木県史』通史編5より転載）

逃亡（「欠落《かけおち》」）をして耕作放棄地が発生したとしても村には既定の年貢を領主に納める義務があった。村に残った百姓たちは共同で年貢を負担する必要に迫られ、ますます荒廃が進んだ。すると領主も恒常的に年貢の減免を認めざるを得なくなって財政が悪化した。

下野国における農村荒廃の原因は、江戸に近いがゆえの商品貨幣経済の進展や、度重なる大規模な災害と飢饉、土地の生産力の低さ、高率の年貢など様々な原因が考えられている。この他にも、文化十三年（一八一六）ごろに武陽隠士《ぶよういんし》なる人物が著した随筆『世事見聞録《せじけんぶんろく》』では、下野国は日光道中・奥州道中・例幣使道などが通る交通量の多い場所のため、村々はいずれかの宿駅の助郷《すけごう》を勤める必要があり、これも農村荒廃を加速させている原因と指摘されている。助郷とは宿駅で不足する人や馬を近くの村が提供する制度である。武陽隠士は、助郷が荒廃に関わらず村高に応じて課されるので、人足を十人や二十人しか出せない村に三十人や四十人が、馬五匹しか出せない村に十四や二十四匹が割り当てられてしまい、村々が代わりに賃金を差し出しているので、ますます村から人がいなくなっていて、これは当然の事だと書く。

右のような事情がある一方、百姓たちが主体的に生業を選択していたという指摘もされている。百姓たちは米が豊作になって米価が下落し、一方で耕地に投下する金肥の値段が上昇すると、稲作よりも畑で商品作物を作ったり、現金収入を得られる町場での小商いや職人稼ぎ、奉公稼ぎに生業をシフトしたりしていた（平野哲也『江戸時代村社会の存立構造』・同「江戸時代における百姓生業の多様性・柔軟性と村社会」）。

このように農村荒廃の原因は単純なものではなく、解決が難しい問題だった。

領主たちは百姓たちの耕作以外の経済活動を「農間余業《のうかんよぎょう》」と捉えて百姓＝農業専従者という理念を強調したり、年貢収納の改革や風俗の取締りをしたりすることで農村の復興を図ったが、社会経済の実態とそぐわない方法であり上手くはいかなかった。そのような中、下野国芳賀郡《はがぐん》の旗本宇津《うつ》家の知行所において、相模国《さがみのくに》（現・神奈川県の大部分）から来た一人の人物が復興の取り組みを成功させる。その人物は二宮金次郎、そして彼の手法は後に「報徳仕法」と呼ばれることになる。

二宮金次郎

二宮金次郎は、天明七年（一七八七）、相模国足柄上郡栢山村《さがみのくにあしがらかみぐんかやまむら》（現・神奈川県小田原市）の百姓の家に生まれた。父は利右衛門《りえもん》、母はよしという。「金次郎」は通称で、諱は「治政」といい、のちに幕臣になった際、今日よく知られている「尊徳《たかのり》」に改めた（大藤修『二宮尊徳』）。江戸時代には日常的に通称が使用されたので、本書でも二宮金次郎に限らず、基本的に人名は通称で表記したい。

さて、金次郎の生まれた二宮家は、父利右衛門が家を継いだ時点で二町三反六畝余りの土地を有し、父の実父万兵衛《まんべえ》は村の組頭を勤めるなど中層上位に位置する家だった。しかし、寛政三年（一七九一）、金次郎が五歳の時に酒匂川《さかわがわ》の洪水で家や田畑が被災してしまった。さらに直後から父が病の床につき、田畑を少しずつ処分して生計を立てるようになった。そして金次郎が十四歳の時に父が、十六歳の時に母がこの世を去ってしまった。

長じた金次郎は、努力の末、手放した土地を請戻して自家の再興を果たし、さらに二五歳からは小田原城下に出て小田原藩士川島家で奉公人稼ぎをするようになった。翌年からは小田原藩家老の服部家で働くようになる。当時の服部家は大幅な赤字に苦しんでおり、金次郎は服部家の家政再建を任された。三十代になると栢山村に帰り、文政元年（一八一八）、三二歳の時、小田原藩士大久保忠真《おおくぼただざね》が領内の奇特者を表彰した際、耕作出精人の一人に選ばれた。さらに三四歳の時には小田原藩主導による低利の貸付制度の成立や、藩領内の年貢納入升の統一など藩政に関与するようなる。

そして、文政四年（一八二一）、小田原藩大久保家の親類にあたる旗本宇津家の知行所の再興を任された。金次郎は、田畑屋敷を処分して妻子を伴い、下野国におもむくことになる。

桜町仕法

旗本宇津家は、小田原藩主大久保忠朝の三男教信が、元禄十一年（一六九八）十一月に隠居した際、下野国の所領四千石を分けられて成立した家である。「宇津」の由来は、大久保氏がもともとは宇都宮氏の出身であったという由緒にもとづく。宇津家の下野国の所領は、芳賀郡東沼村・横田村（幕領と相給）・物井村の三か村（現・真岡市）からなり、物井村の桜町に宇津家の役人が詰める陣屋が設けられていたため、「桜町領《さくらまちりょう》」とも称された。

桜町領では、前述した「農村荒廃」が特に進んでいた。享保期（一七一六～一七三六）には家数四三三軒、人数一九一五人を数えたが、文政五年（一八二二）には家数一五六軒、人数七四九人にまで減少していた。年貢収納もうまくいかなくなっており、文政五年には享保期と比べて、田方年貢が二二％、畑方年貢も六九％まで減少していた。宇津家の財政も破綻状態に陥り、四代目当主教長は幕府への出仕もできなくなっていた（阿部昭『二宮尊徳と桜町仕法』）。

小田原藩大久保家は、分家である宇津家の支援を行っていたが、小田原藩も財政難に苦しめられていた。そこで、小田原藩は、藩政改革の一環として、桜町領の復興による宇津家の根本的な再建を図ることに方針を変更し、文政元年に表彰した耕作出精人の中から数人を桜町領に派遣し、復興見込みを提案させた。そして前述した通り、この桜町領の復興を任されたのが二宮金次郎だったのである（松尾公就『二宮尊徳の仕法と藩政改革』）。

金次郎による桜町仕法は文政五年から十か年計画ではじまった。金次郎は、小田原藩から毎年支給される金五十両と米二百俵にあわせて、宇津家の年貢収納に制限を設けて、それを上回って収納された米金も仕法資金に回して桜町の復興を図った。具体的には、荒地復興や用水路開削、個々の百姓家の借財整理、窮民の救済、潰百姓の再興、出精人の表彰などが実施された。

また、金次郎は、筵織や木綿織り出しといった村で従事できる「農間余業」を奨励したり、下層民を桜町陣屋の労働者や、土木工事に従事する「破畑《はばた》」として雇用したりするなどした。一方、上層民に対しては、商売や開発の資金を融資するなどして経営の再建と拡大を支援し、彼らに村内での助け合い・融通を担わせる形で仕法に取り込んだ。金次郎は、当時の社会経済状況に対応して、農業専従者だけではなく、商人・職人・日雇いといった様々な性格を持った百姓を編成することで、村と各百姓家の安定を図った（早田旅人『報徳仕法と近世社会』）。

桜町仕法は、領民の嘆願もあって当初の予定から延長されて天保七年（一八三六）まで続けられた。天保三年（一八三二）から九年（一八三八）は天保の飢饉の期間に当たるが、桜町領では仕法の結果、天保八年（一八三七）時点で家数一七三軒、人数八五七人に回復している。さらに年貢収納も仕法が始まる前の文政期と比べて大きく改善した。

天保十三年（一八四二）、桜町での手腕を買われた金次郎は、御普請役格として幕府の御家人に登用されることになった。この時、金次郎は既に五六歳になっていた。

金次郎の門人たち

桜町での仕法が成就する中で、金次郎は依頼されて、小田原藩領や谷田部藩《やたべはん》領、烏山藩《からすやまはん》領、真岡代官支配所などでも仕法を行うようになっていた。さらに各地からは、金次郎の手法を学ぼうという人々が集まるようにもなった。

金次郎の門人たちの中心となったのが陸奥国の相馬中村藩の藩士たちである。次に見る日光神領仕法においても十八人の門人が関わっているが、その内十四人は、中村藩士であった。中でも、後に一番弟子と称された富田久助《とみたきゅうすけ》（高慶《たかよし》）は、金次郎の娘の文《ふみ》と夫婦となった人物で、金次郎の伝記『報徳記』の著者としても知られる。藩の財政が危機的状況にあった中村藩では、天保の飢饉を経た弘化二年（一八四五）から報徳仕法を導入した財政再建を開始し、金次郎の没後も金次郎一家や報徳仕法を援助することになる。

日光神領仕法に従事した他四人の門人は、遠江国《とおとうみのくに》倉真村《くらみむら》（現・静岡県掛川市）の豪農で後に大日本報徳社を設立する岡田良一郎、本書の中心人物である豊岡藩の久保田譲之助とその父周輔《しゅうすけ》、そして同じく豊岡藩の岡左右之助《おかそうのすけ》である。この他にも多くの門人がいるが、ここでは、譲之助とも関わりのある吉良八郎《きらはちろう》について確認したい。吉良は、もと谷田部藩士であったが、谷田部藩仕法の取り扱いをめぐって暇を申し渡されてしまい、以降、金次郎に従って仕法を手伝った。嘉永四年（一八五一）からは、真岡代官手代となって各地で仕法に従事した。吉良は、後述する譲之助による板荷村の久保田堀開削にも関係することになる。

日光神領仕法と金次郎の死

日光神領は、徳川家康を祀る日光東照宮の領知で、江戸時代もっとも大規模な寺社領である。厳密には東照宮領五四か村と、家光を祀る大猷院《たいゆういん》の領知の御霊屋《みたまや》領《りょう》九か村、日光山を統括する輪王寺宮の門跡《もんぜき》領《りょう》二六か村からなるが、一般に三者を合わせた通称として「日光神領」と称される。その範囲は現在の日光市の大部分と鹿沼市北部に広がっており、嘉永六年（一八五三）の調査では、八九か村（新田村を合わせると九一か村）で、石高は二万九六五石となり、人口は二万一一八六人、家数は四一三三軒であった。山間部の村々ということもあって生産力が低い土地が多く、反別四〇六四町歩の内、一〇七四町歩が荒地になっていた。

弘化三年（一八四六）、幕府は金次郎に日光神領を復興する目論見書を提出するように命じ、嘉永六年二月、実際に仕法の実施が命じられた。この時、金次郎は六七歳で病気がちになっていた。金次郎は七月一日に日光において日光奉行に面会し、翌日から二十三日にかけてと、八月九日から十七日にかけての二回に分けて村々の巡回を開始するが、無理がたたったのか九月になると病の床に伏してしまった。仕法は息子の弥太郎が引き継ぐことになり、翌年、幕府は弥太郎を御普請役格見習とした。

安政二年（一八五五）四月、日光神領の中央に位置し、交通の要衝である今市《いまいち》宿《しゅく》に日光神領仕法の拠点として報徳役所が落成した。しかしながら仕法が進む一方で、金次郎の容態は回復しなかった。翌年十月七日、日光神領村々に対して老中堀《ほっ》田正睦《たまさよし》から弥太郎の補佐役に四名の門人が任じられたと触れが出された。その四名とは、相馬中村藩士の伊藤発身《いとうほつみ》・大槻小助・新妻助惣、豊岡藩士の久保田周輔である。

そして、十月二十日、金次郎は今市の報徳役所で亡くなった。その後の日光神領仕法は、弥太郎と門人たちによって進められることになり、慶応四年（一八六八）に仕法が打ち切られるまでに日光神領全体で四三八町余の荒地起返が行われた。これに新規の開発と植林を合わせると仕法の成果は四八三町にもなった。本書の主題である日光県の仕法は、この日光神領の仕法を引き継ぐ形で始められることになる。

第1章
仕法の継承者
久保田譲之助

日本史上における久保田譲之助

慶応四年（一八六八）、戊辰戦争の混乱の中、日光神領の仕法は継続が困難になり、二宮弥太郎は仕法を打ち切って相馬中村藩に退去することになった。この時、一人で下野国に残った門人が久保田譲之助である。師が下野国から去った時、譲之助は二二歳で、二宮門下に入ってようやく一年が過ぎた頃であった。

日本史上、久保田譲之助は「久保田譲《くぼたゆずる》」の名で知られる。久保田譲は第二十代文部大臣（在任：一九〇三年九月二十二日～一九〇五年十二月十四日）であり、ちょうど日露戦間期の内閣の一員である。高校で日本史を学んだ方であれば、日露講和時におきた戸水《とみず》事件の際の文部大臣といえば多少思い当たるのではないだろうか。

戸水事件は、日露開戦前には対露強硬外交・即時開戦を主張し、戦争末期に至ると講和条約の締結反対を唱えた七博士の中心人物だった東京帝国大学教授の戸水寛人《とみずひろんど》に対して、政府が明治三八年（一九〇五）八月二十五日に休職処分を下したことに端を発する事件である。十二月二日には東京帝大総長の山川健次郎《やまかわけんじろう》が責任を負う形で辞任したが、教授陣一九一名は、政府の一連の処分に対して強く反発し、戸水・山川両者の復職と久保田文部大臣の辞任を要求した。その結果、十二月十四日に久保田は文部大臣を辞職し、さらに翌年一月には戸水は復職した。

この一連の騒動は、社会的な注目を集めたことと、大学の人事に対する政府の干渉を拒むことに成功した点で、日本における大学の自治確立の一つの画期とされている（伊ヶ崎暁生『大学の自治の歴史』）。明治から昭和にかけて活動した教育史研究者の藤原喜代蔵は、文部大臣久保田譲について、彼を文部大臣に選任した桂太郎《かつらたろう》首相の判断を「軽率」と断じ、久保田が登用された理由を世間一般が久保田を「買被り」していたからであると指摘する。さらに戸水事件についても久保田が「大醜態を演出せしめ、内閣の威信に少なからざる悪影響」を与えたと厳しい評価を下している（藤原喜代蔵『人物評論学界の賢人愚人』）。このように、久保田譲は、大学の自治確立過程に、その障害として登場した文部大臣という不名誉な形で歴史に名を残す人物である。

しかし、久保田譲之助は、「はじめに」でも触れたように、鹿沼市を代表する偉人の一人として知られている。そして、彼が尊敬を集めている理由は日光県の開墾仕法の中心人物であったことにある。開墾仕法は、その後、彼が長く活躍することになる官界での最初の仕事だった。本章では一人の若者がどのような経緯で開墾仕法に携わることになるのか見ていこう。なお、本章では報徳役所の日記（「日記」と略記、以下同）・成立間もない栃木県が日光県の事績をまとめた「日光県史」（「県史」）・「高等官転免履歴書三」（「履歴」）・『慶應義塾出身名流列伝』（「列伝」）を中心に記述している。それぞれの史料の性格については《コラム①》を参照されたい。

譲之助の父と兄弟

久保田譲之助は、弘化四年（一八四七）五月十日に誕生した。父は豊岡藩京極家に仕えた久保田周輔、母はその妻なみである。

周輔は元々、豊岡藩士の下村家の出身であった。久保田家の養子となっていた兄の小平次が早世したため、周輔が代わって久保田家を継いだという。嘉永二年(一八四九)には譲之助の弟の貫一郎も誕生した。

『豊岡市史』では、小平次は久保田家の娘ふじと縁組した婿養子だったため、周輔も最初、ふじと婚姻し、譲之助の母なみは、ふじが没した後の後妻だと推測している。なお、小平次とふじの間には天保十三年(一八四二)に長男の精一郎が誕生している。つまり精一郎は、系図上は譲之助の兄、血筋の上では従兄ということになる。ただし、昭和十七年(一九四二)に刊行された『豊岡誌』では精一郎から見て譲之助と貫一郎を「異父ノ弟」と表記しているため同母の兄弟の様にも読み取れる。

久保田周輔(豊岡市立歴史博物館所蔵)

ともかくも譲之助には、精一郎と貫一郎という兄弟がいたことは確かである。後に精一郎は豊岡藩校の学長に、貫一郎は内務次官を経て衆議院議員になっている。

父の周輔は、嘉永四年（一八五一）、譲之助が五歳の時に、主命をうけて下野国におもむき、幕府の御普請役格になっていた二宮金次郎の下で報徳仕法を学ぶことになった。報徳役所の日記には、嘉永四年十二月十六日に江戸にいた金次郎の下を周輔（日記では「窪田淳助」）が訪問して面談していることが書かれており、以降、周輔は日記の中に度々登場するようになる。

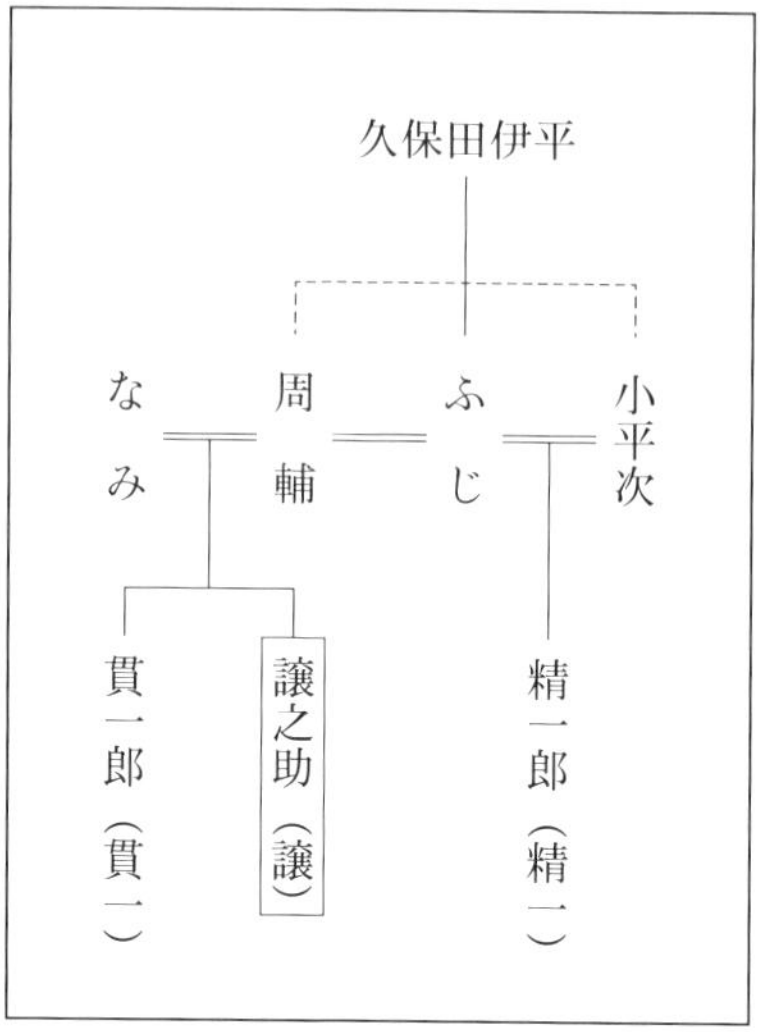

久保田家系図　豊岡市史編集委員会編『豊岡市史』下巻（豊岡市、一九八七年三月）表二三九より作成

序章でも述べた通り周輔は、嘉永六年（一八五三）から始まる日光神領仕法にも参加した。同年の廻村中、金次

郎が病に倒れるとその代理となった二宮弥太郎や他の門人たちと共に神領村々の仕法にあたった。しかし、金次郎の病状は快方に向かうことはなく、安政三年（一八五六）十月、深刻な容態に陥る。同月七日、神領村々に対して金次郎が病気の旨と、今後は弥太郎の補佐役として周輔を含む四名の門人が仕法を取り扱うことが伝えられた。

このように日光神領仕法に欠かせない門人となった周輔であったが万延元年（一八六〇）から体調を崩しがちになる。翌年三月には、弥太郎に一時帰国を願い出て五年ぶりに豊岡に帰った。帰国後は、藩主に手腕を認められて豊岡藩で仕法を開始し、下野国に戻れなくなった。そのため、豊岡藩からは周輔の後任として文久三年（一八六三）に藩士の岡左右之助が二宮門下に送り込まれる。

但馬聖人に学ぶ

このように譲之助の幼少期には父周輔は下野国で仕法に従事していた。そのためか幼時は祖父母に養育されたと列伝は記す。幼少期の譲之助については列伝が詳しい。以下、列伝を手掛かりに下野国に来るまでの譲之助の足取りを追おう。

列伝では、「十三歳で初めて（世に）出て藩校に寄宿し、熱心に学問に励み文武を共に修めた〈年十三甫て出で丶藩黌に寄宿し、篤学能く文武を兼修す〉」と記述され、十三歳で豊岡藩の藩校に寄宿したとある。しかし、『豊岡市史』や吉家定夫氏によれば、豊岡藩の藩校稽古堂《けいこどう》は七歳になると藩士の子弟が入学を強制されて十一年過程の教育を受けるものであったという（吉家定夫「豊岡藩と慶應義塾」）。したがって十三歳で初めて藩校に寄宿したという列伝の記載は矛盾するが詳細は分からない。

譲之助は十五歳の時、文校局句読師となり、三年後の元治元年（一八六四）には、兄の精一郎と共に「但馬聖人」と称された儒学者の池田草庵《いけだそうあん》（一八一三〜一八七八）の私塾青谿書院《せいけいしょいん》に入門し、そこで数年学んだ。

池田草庵は、文化十年（一八一三）に養父郡宿南村《やぶぐんしゅくなみむら》（現・兵庫県養父市及び豊岡市）の庄屋の家に生まれた人で、京都で儒学者の相馬九方《そうまきゅうほう》に学んだ。天保十一年（一八四〇）

に帰郷した際には豊岡藩校稽古堂で講義をし、さらに藩儒として招聘されるもこれを辞退した。同年には京都一条坊に家塾を開いている。その後、草庵は天保十四年（一八四三）、三十歳の時に郷里の招きに応じて帰郷し、後進の育成にあたった。弘化四年（一八四七）には、宿南村に自宅兼塾舎を建てて移った。これが青谿書院である。

青谿書院（養父市教育委員会提供）

青谿書院を開いた後も草庵は藩の招きに応じて、稽古堂に出講していたが藩士たちの中には、さらに草庵の教えを受けるために青谿書院に入門する者もいたという。譲之助兄弟もそのような一人だったのだろう。譲之助の入門の翌年には、弟の貫一郎も入門している。門下からは、久保田兄弟の他に、後に旧制第四高等学校長になる吉村寅太郎や衆議院議員になる富田仙助などが輩出されている。

日光神領仕法への従事

列伝では、青谿書院で学んだ後、「たまたま考える所があって、遊学のために下野日光に赴き、二宮尊徳翁の門に学び、深い知識を得た。ここで後に謹厳の人となる修養を積んだ〈会々感ずる所あり、笈を負うて下野日光に遊び、二宮尊徳翁の門に学びて造詣する所深く、茲に後来謹厳の人たるの修養を積めり〉」と、二宮門下となった経緯とそれが譲之助の人格形成に大きな影響を及ぼしたことを紹介しているが、このあたりの記述は正確ではない。

まず、譲之助が師事したのは金次郎の子の弥太郎である。譲之助が下野国に来て、二宮門人となるのは慶応三年（一八六六）四月二十八日のことであり、金次郎は既に故人で、子の弥太郎が日光神領での仕法を継承していた。報徳役所の「慶応三年日記」には「京極藩久保田譲之助、仕法道修行之為、夕刻到着、入塾之事」とある。

さらに列伝では入門の経緯を譲之助自身に主体的な動機があったように記述するが前述のように譲之助の父は二宮門人であるし、譲之助の入門時には父の後任として豊岡藩士の岡左右之助が二宮門下に加わっていた。

二宮弥太郎（報徳博物館提供）

列伝の記述がどのような意図によるものかは分からない。確かなのは譲之助が二宮門人となった背景には、父の周輔以来続いていた二宮親子との関係があったということである。

さて、二宮門下に加わった譲之助は早速、仕法の現場におもむいている。慶応三年五月四日、入門間もない譲之助は、兄弟子となった同郷の岡左右之助と共に夫食米を渡すために千本木村《せんぼんぎむら》（以降、断らない限り現・日光市）に出張している。さらに、そこから吉沢村《きちさわむら》を経由して荒れた畑の起返を見分し、昼後に今市の報徳役所に戻った。五月七日には相馬中村藩士で門人の山中四方八と一緒に矢野口村《やのくちむら》・薄井沢村《うすいざわむら》の見分を行い、十日から十七日にかけては志賀三左衛門と栗山郷《くりやまごう》十か村を巡るなど仕法の現場に同行した。栗山郷の廻村では、川治《かわじ》・西川《にしかわ》・湯西川《ゆにしかわ》・土呂部《どろぶ》・黒部《くろべ》・日蔭《ひかげ》・日向《ひなた》・上栗山《かみくりやま》・野門《のかど》・川又《かわまた》（川俣）の各村を訪れ、それぞれの困窮した状況に手当てを行っている。譲之助にとって初めての仕法の実践の場になったと考えられる。その後、譲之助は各地の仕法に従事していく。

なお、譲之助は関わってはいないが、入門間もない慶応三年六月二十日、二宮門人の一人である吉良八郎が板荷村（現・鹿沼市）で行っていた用水路普請を完了させた。これが現在「吉良堀」と呼ばれている用水路であり、後に譲之助が板荷村で仕法を行うきっかけの一つになる。

引田村高畑坪の仕法地（鹿沼市教育委員会提供）

引田村高畑坪の仕法

譲之助が入門するひと月前の慶応三年三月六日、引田村《ひきだむら》（現・鹿沼市）の集落の一つ高畑坪《たかはたつぼ》が仕法による用水路普請を願い出ていた。引田村高畑坪の仕法は、日光神領における最後の報徳仕法の現場となったばかりか、譲之助が下野国に残る原因となる仕法であるので、概要を確認しておきたい。

引田村は、現在の鹿沼市中西部に位置する谷間の村で、中央に足尾山地から流下する大芦川《おおあしがわ》が流れ、川に沿って古峰ケ《こぶが》

高畑用水隧道跡（鹿沼市教育委員会提供）

原《はら》（現・古峯神社《ふるみねじんじゃ》）に向かう街道が通っている。日光神領（霊屋領）に属した。村内は手洗・高畑・稲山・片山・祝道・岩花・久保・岡・小関という九つの「坪」と呼ばれる集落に分かれている。享和元年（一八〇一）時の石高は七八五石余で、家数は百五十軒、人口は六九十人である。石高の内、畑が七五七石余を占める村で、麻や朝鮮種人参が生産されていた。

嘉永六年（一八五三）の二宮金次郎による日光神領仕法が始まる時点で、引田村は田畑九八町余の内、八町が荒地になっていた。引田村では、これ以前から自力での荒地復興を実施していたが、日光神領仕法の導入によって復興が加速する。嘉永七年（一八五四）に引田村における最初の仕法が実施されると、慶応四年までの間に計七町九反余の復興と新規開発が実現した。譲之助が関わる高畑坪における仕法はこの中の一つである。

さて、仕法の舞台となった高畑坪は天明年間（一七八一～一七八九）におきた洪水で大芦川から取水する堰と用水路が被災して以降、荒田が発生していた。そこで引田村の百姓代で高畑坪に居住する橘次郎が中心となり、報徳仕法を導入しての復興が目指されたのである。この仕法では、使用できなくなった取水口を十八メートル川上に移し、川に突き出た巨岩をくり貫いた隧道《ずいどう》を作って新たな堰とした。そして、そこから四四五メートルの用水路を開削して田の復興が行われた。さらに畑だった土地の地面を下げることで用水を引き込んで田にする工事も行った。この仕法は、慶応三年七月に完了し、橘次郎ら出願者はかかった費用三九九両余を無利息十か年賦で返済することになった。

この仕法終了後、高畑坪では用水路をさらに三二七メートル延長して田を開発しようと目論み、再び開発を願い出た。そのため、慶応四年になっても仕法が続けられており、弥太郎や譲之助ほか門人たちがたびたび高畑坪に足を運んで現場を指揮することになった。

岡の帰国と戊辰戦争

慶応三年十月十四日、将軍徳川慶喜《とくがわよしのぶ》が朝廷に大政奉還を申し出て、翌日に勅許された。今市の報徳役所にも「世上騒乱」になるという噂が伝わった。そのため、十月晦日に岡が木村正次と共に情勢調査のため江戸に出立した。岡は十一月十日に今市に戻ってきたが、その五日後の十五日に豊岡藩の重役から呼び出しを受けて一時的に帰国することになった。譲之助は、岡の帰国に際して板橋宿《いたばししゅく》（現・日光市）辺りまで見送りに出かけた。岡の帰国理由は分からないが、不安定な政情が影響したのかもしれない。結局、岡は日光神領仕法の現場に戻ることはなかった。

慶応四年（一八六八）一月三日、京都近郊の鳥羽・伏見で新政府軍と旧幕府軍が戦闘を開始し、翌年五月まで続く戊辰戦争が始まる。戦局は新政府軍の優勢のまま東に移っていき、四月には江戸が無血開城されて新政府の支配下となった。これを良しとしない大鳥圭介ら旧幕府の脱走者らは徳川の聖地である日光を目指して北上した。結果、下野国内の各地で新政府軍と旧幕府軍が戦闘を繰り返すことになるが、旧幕府軍は形勢を覆すことができず、五月には下野国は新政府の軍政下に置かれた。この年の譲之助の行動について日記を中心に見ていこう。なお、戊辰戦争下における報徳役所全体の動きについては、飯森富夫氏の論考が詳しい（飯森富夫「『二宮尊徳全集』に見る戊辰戦争」）。

一月一日、今市の報徳役所で年を越した弥太郎を筆頭とする十名の末席に譲之助の名前が確認できる。譲之助は翌日、他の面々と共に今市宿如来寺の金次郎の墓所の墓参りにおもむいた後、東照宮に参拝した。十七日、日記に「将軍徳川慶喜が大坂から軍艦に乗って、（一月）十二日に（江戸城に）帰ってきたという〈上様大坂表より御軍艦にて、去る十二日還御之趣〉」と慶喜の動向についての知らせが届く。これが日記に出てくる最初の戊辰戦争の記述である。

十九日、譲之助の下に親類の久保田八兵衛という人から父周輔が譲之助に面会するため江戸に出府していると知らせが来た。そのため、山中四方八が日光奉行所に出向いて譲之助の通行手形を手配した。そして翌日の未明、譲之助は江戸に向けて出発した。

江戸で譲之助が父とどのような話をしたのかは分からない。しかし、前年末に岡が一時帰国したことを考慮すれば、政情不安の中での今後の進退についての相談だった可能性もあるだろう。ところが、譲之助は豊岡に帰国せずに二月一日に今市に帰陣すると、そのまま仕法に従事した。

日光神領仕法の終焉

四月八日に新政府軍が今市に着陣し、いよいよ戦火が間近に迫った。十一日に今市の新政府軍は宇都宮に引き上げたが、代わって旧幕府軍が今市に進軍してくる。十九日、仕法を行っていた引田村高畑坪に出張していた譲之助は、旧幕府軍三百人が太平山から引田村・大久保村《おおくぼむら》（現・鹿沼市）を通って北上していくところに遭遇している。この一団は報徳役所のある今市宿に止宿した。

報徳役所では非常時に備えて、弥太郎と門人たちの家族及び仕法書類の避難準備が始まる。仕法書類については、二十二日に主要な仕法書類五駄が相馬に送られた。さらに翌二十三日に引田村高畑坪に仕法書類十九包、二十四日に千本木村滑川坪の義兵衛宅に十三包が運び出された。弥太郎と門人の家族は二十三日、相馬に向けて出立し、これに譲之助と山中四方八・下男三名が付き添った。譲之助らは閏四月三日に今市に帰陣する。

このような中でも仕法は継続しており、譲之助は六日夕刻に開発場の指示のために引田村に向かった他、下大久保村《したおおくぼむら》や下草久村《したくさぎゅうむら》（共に現・鹿沼市）にも出張をしている。しかし、閏四月二十九日に報徳役所が土佐藩兵の陣地にされると、役所一同は千本木村への退避を余儀なくされた。そして六月六日、弥太郎は相馬中村藩士の門人らと共に、先に家族を避難させた相馬へ退去を余儀なくされた。しかし、譲之助はこれに付き従わず下野国に留まって中途だった引田村の仕法を続けることになった。

さて、譲之助が下野国に残されて日光県の官吏となるまでの期間、下野国は戊辰戦争とその戦後処理の渦中におかれる。以降の譲之助の足取りにも大きく関係するため、新政府統治下となった下野国の支配体制の移り変わりを確認しておきたい。なお、詳細は第二章で取り上げる。

まず、慶応四年五月三日、下野国と下総国《しもうさのくに》（現・千葉県北部及び茨城県南西部）の鎮撫を担当する新政府の機関として下総野鎮撫府が設置され、下野国は軍政下に置かれた。五月中旬以降、戦場が東北地方に移ると、六月四日には肥前藩士の鍋島道《なべしまみち》太郎《たろう》が下野国真岡知県事として旧幕領（真岡代官支配所）で民政を開始する。鍋島は、八月十九日に知県事役所を石橋宿《いしばししゅく》（現・下野市）の開雲寺に置き、同月に旗本知行所二六万石を、さらに八月二十七日に日光神領も接収した。鍋島は自らの役所を「下野国知県事役所」や「下野知県事役所」などと称して新政を展開した。九月一日、旧日光奉行所に知県事出張所が設立される。そして翌明治二年（一八六九）二月、石橋宿開雲寺に代わって日光出張所が本庁になり、二月十五日に日光県が成立した。

知県事役所との接触

時間を戻して、慶応四年の譲之助の行動の検討に戻ろう。下野国に残った譲之助は、二宮門人であるという経歴を買われて明治二年二月に下野国知県事役所（直後に日光県となる）に登用されるのだが、師の弥太郎が下野国を去った前後から知県事役所登用までの譲之助の行動は分からないことが多い。というのも、戊辰戦争の混乱の中で報徳役所の日記が五月十五日を最後に中断されたためである。断片的に残る史料から譲之助の足取りを追ってみたい。

まず、「日光県史」では、弥太郎の退去後の譲之助について次の様に記す。

【現代語訳】

弥太郎はすなわち（下野国から）去って中村藩に行く。この時にあたって都賀郡引田村の開墾についてはその事業が既に半ばに及んでおり中断するわけにはいかなかった。そのため、門人の久保田譲之助を（下野国に）留めてこれを担当させた。わが県（日光県）はこれを聞いて、すなわち譲之助を召し出し、その来歴及び方法を問うた。譲之助はすなわち仕法について詳細を申し述べた。そして、その方法は大いに採用すべきものがあったので我が県も更にこれを施行しようと、本年（明治二年）正月に譲之助を登用し（後略）

【原　文】

弥太郎乃チ去テ中村藩ニ之ク、此時ニ当テ都賀郡引田村開墾ノ事其功已ニ半バニ及ヒ亦抛棄スヘカラス故ヲ以テ門人久保田譲之助ヲ留メテ之ヲ担当セシム、我県之ヲ聞キ則チ譲之助ヲ召シ其来歴及ヒ方法ヲ問フ、譲之助便チ之カ

委曲ヲ陳ス、然テ其方法大ニ取ルベキモノアリ、因テ我県更ニ之ヲ施行セント本年正月譲之助ヲ登庸シ（後略）

（「栃木県史附録 日光県史 政治部 拓地」（国立公文書館所蔵）

これを信じれば、譲之助は大きな問題もなく、師の命で引き継いだ引田村の仕法を継続し、それを難なく後の日光県へ引き継いだように読める。しかし、実際は、事は容易には進んではいなかった。譲之助は師と連絡が取れなくなったばかりか、引田村の仕法も新政府軍の命令で一度中断させられる困難に直面していたのである。

仕法中断命令と弥太郎への懸念

現在、国立国会図書館に寄託されている二宮尊徳関係資料の中に、新政府軍から引田村仕法の中断の命を受けた譲之助が、仕法再開を願い出た年月日・宛先とともに書かれていない願書が含まれている。この願書は『二宮尊徳全集』にも掲載されており、全集では明治元年（一八六八）と推定がされている。内容から譲之助が明治元年九月までに、下野国知県事役所に提出したものと考えられる。ここからは、先に見た「日光県史」とは異なる譲之助の様子が明らかとなる。願書の内容から譲之助の足取りを復元していこう（「野州都賀郡引田村開墾之儀ニ付奉願候書附」）。

まずは、引田村の仕法が中断させられるまでを見ていきたい。下野国に残った譲之助は、報徳仕法の趣旨は、万民を塗炭の苦しみから救おうという王政復古に通じるので、仕法を朝廷が採用する可能性があると考えて引田村の仕法を継続していた。仕法を継続していた理由に弥太郎の命があったかについては願書には書かれてはいないが、仕法の後処理（「取仕舞向」）を託されたとは書いているので、「日光県史」の内容を鑑みれば師の命で下野国に残って仕法を継続していたのかもしれない。

しかし、六月上旬、譲之助は今市宿に出兵してきた新政府軍の副嶋藤七に呼び出されて弥太郎が取り扱ってきた仕法については当分の間、見合わせることを命じられた。その理由について譲之助が内々に調べたところ、この仕法中断命令は、弥太郎に対して新政府軍が懸念を抱いていることが背景にあると分かった。

新政府軍が弥太郎に抱いた懸念とは、奥羽越列藩同盟に参加する「朝敵之地」相馬中村藩に弥太郎が避難したことを指している。譲之助は「仕法之理」について説明をして仕法再開を願い出ることを考えていたが、この事情を知ったことで仕法継続を諦めて独断で仕法中断を受け入れた。譲之助が、そのことを引田村の人びとに伝えたところ、人びとは非常に失望して、すぐに新政府軍に仕法再開の出願をしたが返事はなかったという。この事態に際して譲之助も深く苦慮していたようで、願書には、当時の自らの心境を「失望の余り臍《ほぞ》を噛《か》むこと耐えず遺憾の至り〈失望之余不堪噬臍遺感之至〉」と強い表現で書いている。

日光奉行所同心の記録から見る譲之助の行動

ここまでの譲之助の行動は、前述の通り彼自身が書いた仕法再開の願書にもとづいて明らかにしたものである。したがって、譲之助の主観や当時の立場を強く反映したものであるので、その内容をそのまま受け入れることはできない。また、譲之助が師に相談もせずに仕法中断の命令を受け入れた理由も分からない。そこで、別の資料を確認しよう。日光奉行所の同心を勤めた大沢徳三郎の日記には、この頃の譲之助や引田村仕法に関する記述が登場する（柴田豊久家文書、栃木県立文書館蔵写真帳）。

大沢の日記によると、六月十一日、日光奉行所に引田村の人びとが出頭してきている。用件は、新政府軍から差し止められた仕法を継続したいというもので、大沢は追って沙汰する旨を伝えて引田村の人びとを帰した。これが譲之助の願書に出てきた引田村による仕法継続歎願であるのだろう。翌十二日、大沢は新政府軍の一員で肥前藩軍事掛の小代兵右衛門に引田村の嘆願について説明した。小代は「よく検討の上、どうにか取り計らうようにする〈得与勘弁之上何連れか取計可申〉」と返答したため、大沢は彼に引田村の嘆願書を手渡すと旅籠屋に滞在していた引田村の面々に小代が調整する旨を伝えて帰村させた。

さらに七月九日、今度は譲之助からの書簡が日光奉行所に到来した。これは翌十日に日光奉行所の野中・小林両人が江戸に出府することを譲之助が知ったために差し出されたもので、その内容は次の通りである。

【現代語訳】

弥太郎が出府した後、未だ（書簡が）一通もないことは先だって申し上げた通りです。もしや不慮の事があったのかと甚だ心痛です。寝食も不安のあまりとれなくなっているのではないか。最近は（病気を）患っているようなので、ぜひぜひ弥太郎の安否を調査して早々ご一報をお願いします。一人の生死にかかわることですのでご推察頂き、この件どうかお願いいたします

【原　文】

弥太郎出府後、未た一便も無之旨先達而申立候処、もし不慮の儀も有之哉与甚心痛、寝食をも不安余りニ取詰候哉、此節わつらひ居趣ニ付、是非く弥太郎之安否御聞糺し早々御一封願度、壱人の生死ニ拘わり候儀ニ付御推察此段何分奉願上候事

（柴田豊久家文書、栃木県立文書館蔵写真帳）

師の弥太郎が江戸に出府して以来、音信不通になっているので、明日、江戸に向かう日光奉行所同心の野中・小林の両人に弥太郎の消息を調査してほしいと依頼している。すなわち、大沢の日記からは、譲之助が仕法の中断が命じられた六月から七月九日の間、弥太郎や他の門人らと連絡が取れなくなっていたばかりか、相馬に向かったはずの弥太郎の行方自体が分からなくなっていたことがうかがえる。

譲之助は、師らと連絡が取れない中で新政府軍に対応することを余儀なくされて

いた。その上、師は「朝敵」とされた相馬中村藩に避難しており、新政府軍に疑念を抱かれていた。そのため、譲之助は、新政府軍の指令に従って「独断で早急に〈独断ニ而速ニ〉」仕法の中断をせざるを得なかったのだろう。

仕法再開願書の提出

譲之助の願書に戻って、彼が仕法再開の願書を提出するまでの動向を明らかにしたい。七月九日時点では師と音信不通になっていた譲之助であったが、後に通信が可能となった。弥太郎に引田村仕法の中断が余儀なくされたことを伝えところ弥太郎は「国のために一途に尽力してきた十六か年の丹精はわずかな間に水の泡になった〈国家之為ニ一途尽力仕候十六ヶ年之丹精一朝水之泡と相成候〉」と「嘆息」したが、続けて次のように答えた。

【現代語訳】

もとより（仕法の中断は自分の）徳が薄いことによるので、今更後悔しても致し方ない。それに道の消長（の可否も）もまた天にあって人が決めることができるものでもないので、今一旦、道が滅びるのは憂うるに足らない。この上は、気持ちを盛んにして精を出して研究する他はない。しかしながら、引田村については現在のまま捨て置けば、困窮する百姓が自力で普請する道はなくなってしまう。かつ、長雨や洪水の度に運んだ土は流出して不容易の失費を生じ、困窮の者はますます困窮に陥り、これまで大金をかけてきた甲斐もなくなる。村民の悲しむ様子を見ることは忍び難い。そこで、一応は右の次第を申し立てて許されるのであれば、何とか引田村の普請だけは成就させたい（後略）

【原　文】

固ゟ薄徳之所致今更後悔致方無之、且道之消長亦天ニ在而人之不可得而進退

者ニ候得ハ、今一旦道之殞滅スルハ不足憂、此上ハ憤励研究之外有之間敷候、乍併引田村之儀ハ当時之侭ニ而捨置候ハ、此上困窮之百姓自力ニ而普請可出來道絶而無之、且ツ霖雨・出水之節毎ニ持土流出し不容易失費を生し困窮之者益困窮ニ陥リ、是迄大金相掛候甲斐も無之村民之悲態不忍視儀ニ候間、一応ハ右之次第申立御許容相成候ハ、何と歟右普請ハ成就致遣度（後略）

（『二宮尊徳全集』第三十巻）

この指示を受けた譲之助は、引田村仕法だけは継続させるため、下野国知県事役所に願書を提出した。願書の中では、先述した弥太郎に対する懸念を払しょくするため、弥太郎が相馬中村藩に行ったのは、先に避難させた老母を心配しての事であると弁解をしている。願書を出した月日は分からないが、二宮尊徳関係資料のひとつ「慶応四戊辰年御仕法金銭請払帳」で譲之助が八月二十七日付で報徳役所から一両三分余を出納しており、その名目は、下僕一人を連れて石橋宿の知県事役所に行って四泊した経費としている。これが、嘆願書を提出した日の可能性もあるだろう。願書に対する返答は九月二日、次の通り日光奉行所において知県事の鍋島から譲之助に伝えられた。

【現代語訳】

引田村開墾についてはこの方（下野国知県事）より改めて申し付けるので、いよいよもって丹精を尽くして成功させて、さらなる功績の著しい事業とすること。もっとも弥太郎が取り扱いかけているのは引田村のみで、その他（の村について）は（引田村の仕法が）成功した上で、追って御沙汰をする村もあるので、弥太郎が老母を召し連れて帰ったならば早々届け出ること。但し、（引田村の）普請が始まったならば期日を届け出ること。

【原　文】

引田村開墾之儀自此方改而申付候間、弥以尽丹精成功之上此上之功業相立候様可致、尤弥太郎取扱掛置候引田村耳ニ而其余ハ成功之上追而御沙汰之邑も可有之候間、弥太郎老母召連罷帰候ハヽ早々可被相届候事

但普請相始候ハヽ日限可被相届候事

（『二宮尊徳全集』第三十巻）

このように譲之助は、中断をはさんだものの引田村での仕法継続を実現した。そればかりか弥太郎の帰還後の仕法再開の可能性まで知県事役所から引き出すことに成功したのである。

結果的に弥太郎は病もあって日光に戻って仕法に従事することはできなかった。しかし、譲之助の引田村仕法継続の嘆願は、彼の日光県への登用と新たな仕法の実施につながっていく。

《コラム①》　譲之助の足取りを示す資料

第一章では久保田譲之助の足取りを追ってきたが、彼が日光県に登用されて役人・官僚としての経歴をスタートするまでの経歴は分からないことが多い。そこで、第一章及び第二章以降の譲之助の経歴は次の四点の資料を参考にした。ここでは、使用資料がどういった内容で、どういった背景・思惑から書かれたものかを確認しておきたい。

まず一つ目は、報徳役所の日記である。これは、リアルタイムに書かれた資料であり、報徳仕法研究の基礎資料の一つとなっている。譲之助が登場するのは慶応三年（一八六七）の日記「八拾弐番日記」と慶応四年（一八六八）の日記「八拾参番日記」で、ここから譲之助を含む報徳役所にいる面々の動きが分かる。

二つ目は、「栃木県史附録　日光県史　附録　官員履歴（明治元―四年）」で、これは府県資料の一冊である。府県資料は、明治七年（一七八四）十一月十日の太政官達第百四十七号にしたがい各府県で明治維新以来の地方制度の沿革をまとめることを目的に作成された。日光県廃県後に作成された二次史料ではあるが、日光県の後継に当たる栃木県が残された文書などから編纂したものなので、ある程度は信用できるだろう。

三つ目は「枢密院文書・高等官転免履歴書三・昭和十一年〜昭和二十二年」である。これは、久保田譲之助改め久保田譲が大正六年（一九一七）から天皇の諮問機関である枢密院の顧問官を務めたために作成された履歴書である。ここからは、明治二年

（一八六九）二月から昭和十一年（一九三六）四月十四日に没するまでに就いた公職や叙位・叙勲歴が明らかとなる。資料の性格上、『栃木県史』同様に信用に足ると考えられる。

四つ目は『慶應義塾出身名流列伝』である。これは、慶應義塾の設立五十年を契機に三田商業研究会が編さんを始め、設立五二年目に当たる明治四二年（一九〇九）に刊行した慶應義塾の著名な出身者の列伝である。同書は約二万の卒業者から「現在の社会的地位」によって四八十名を選抜して編さんされており、譲之助も「久保田譲」として登場する。本書は、慶應出身者を賞揚する目的で書かれているため取り扱いには注意が必要となる。また、凡例によると伝記の三分の二は、直接本人に確認・校訂を依頼しているが、残りは「不幸にして時日切迫」のために本人の校訂を経ていないという。ここで問題となるのは「久保田譲」の項が本人の確認を経たものなのかである。一章で見たように『列伝』の記載事項にはいくつか疑問があり、本人が確認していない可能性が高い。また、その記述は久保田譲の業績の称賛のみに留まっていない。例えば、文部大臣時代については、「檻の中に捕らえられた獅子のようで、世間が期待する程の手腕を発揮することができなかった。むしろ失敗の歴史を残したのみに過ぎない。」（現代語訳）とかなり手厳しい。刊行当時の久保田譲についても「昔日の勇を見ることはできない。とは言え教育行政家としての氏の功績は永くこれをなくすわけにはいかない」（現代語訳）と擁護はしているが全体的に厳しい批評が加えられている。このように『列伝』の「久保田譲」の項は単なる礼賛の記事ではない。二章以降も折に触れて彼の来歴を探る際に参考にしていこう。

第2章
日光県の成立と展開

府藩県三治制

本章では久保田譲之助が登用され開墾仕法を実施することになる日光県の成立と県政の展開について見ていく。まず、本章で主にとりあげる慶応四年＝明治元年（一八六八）から明治四年（一八七一）にかけての地方制度である府藩県三治制について概要を確認したい。

府藩県三治制とは、慶応四年閏四月二十一日に新政府が制定した「政体」（政体書）から明治四年七月十四日の廃藩置県までの地方制度である。政府は「政体」において地方を府・藩・県の三治に分けるとした。府県は政府の直轄地に設置されたため、研究史上「直轄府県」と呼ばれる。藩は近世における大名であり、幾度かの改革を経て統治機構と家政機構の分離が図られていく。

「政体」において、府は知府事（定員一名、第二等官）が長官となり、その職務は「掌繁育人民、富殖生産、敦教化、収租税、督賦役、知賞刑、兼監府兵」と規定されている。県は知県事（定員記載なし、第三〜第五等官）が長官となり、その職務は「掌繁育人民、富殖生産、敦教化、収租税、督賦役、知刑賞、制郷兵」と規定されている。

これに対して、藩は「諸侯」とあるのみで具体的な役職や職務、官等についての規定はなく、本格的に職制が示されるのは同年十月の「藩治職制」まで待たなければならない。藩には府県と同質化する「府藩県三治一致」が求められていく（奥田晴樹『明治維新と府県制度の成立』）。

府藩県三治制は戊辰戦争の進展に伴う新政府による支配地接収と並行して形成されていくので、府・藩・県が地方統治の単位として機能する狭義の三治制期は各地で異なっている。直轄府県が設置された年月日については後述の「真岡県」「石橋県」の問題からも分かるように史資料によって一定しない（三浦茂一「明治維新期における直轄県の形成」）。一応の目安として、明治前期の政府文書を編纂した「公文録」によって関東の直轄府県の設置年月を示せば、明治元年六月に神奈川府（同年九月に神奈川県）、七月に東京府、翌二年（一八六九）一月に葛飾県・小菅県、同二月に日光県・岩鼻県・若森県・品川県・大宮県・宮谷県となる。関東における府藩県三治制は明治二年二月以降に本格化していくと言えるだろう。

なお、様々な法令で必ず「府藩県」の順で記載されるが、府→藩→県という統治構造ではなく、それぞれは同等の存在である。この点については明治二年五月十七日、宇都宮藩が弁事役所に対して行った問い合わせから政府の見解が分かる（「雑種公文・公文録・宇都宮藩」国立公文書館所蔵）。宇都宮藩は、①知県事は「藩民」の逮捕や呼び出し、役儀等の申し付けが可能か、②逆に藩が知県事支配の者を使役しても良いのか、③「府藩県」というのだから藩は県の管轄をうけないということか、④それとも藩も県も同様の統治の任を命じられた同等の存在と心得るべきか、と問い合わせを行っている。これに対して政府は、①・②の回答として、管轄外の人民であれば、その土地の長官へ問い合わせが必要であるとし、③・④は「伺之通」と回答している。

下野知県事役所の設置

さて、前述の通り、日光県は明治二年二月十五日に成立するが、その前身となるのが下野知県事役所である。まず、下野知県事役所の設置の経緯を確認したい。

慶応四年五月十七日、新政府の設置した下総野鎮撫府が真岡代官所を襲撃し、代官の山内源七郎を処刑した。真岡代官は下野国内の幕領（代官支配所）八万五千石余を支配していたため、その後任が必要となった。そのため、五月十九日、肥前藩士の鍋島道太郎が後任に任命される。この時の鍋島の職名は不明だが、鍋島の履歴書では同日に真岡の「仮代官」に任じられたと書かれている（「栃木県史附録　日光県史　附

鍋島幹（栃木県立博物館提供）

録官員履歴」)。六月四日、鍋島は正式に「真岡知県事」に任命された。真岡知県事の役所は真岡代官所が先の襲撃で焼失していたため宇都宮城に置かれた。六月十二日には「知県事御役所」から旧真岡代官支配所の村々に対して、①今後は「鍋島道太郎支配所」となること、②「代官」の名称は廃止となり「知県事」となったので提出する諸書類の宛先は「知県事御役所」と書くこと、③境界に建てる傍示杭を「知県事鍋嶋道太郎支配所」と書き換えることが指示されている。

八月二十七日、鍋島は知県事役所を支配所の中央に位置する石橋宿(現・下野市)の開雲寺に移して、ここを「仮陣屋」とした。同月には下野国内の旗本知行所二六万石を、さらに日光神領・霊屋領も接収した。こうして下野国の藩の支配地以外は知県事鍋島の管轄になった。九月一日には旧日光奉行所に出張所が設立される。

この頃には、鍋島は自らの役所を「下野国知県事役所」や「下野知県事役所」などと称するようになっている。都賀郡上石川村(現・鹿沼市)の御用留では、八月七日の達書の差出が「下野知県事御役所」となっている。同じく都賀郡岩崎村(現・

日光市）の御用留では、八月二十六日の達書の差出が「下野知県事御役所御判」とあるので印章もあったと考えられる。前述した久保田譲之助が仕法再開の許可を得た慶応四年九月二日の記事の冒頭にも「九月二日於日光奉行屋敷下野国知県事鍋嶋道太郎殿より被申達候大意」と書かれている。なお、「下野国知県事」という職名は政府の職制には存在しない。

「真岡県」と「石橋県」

鍋島が自らの司る役所を「下野国知県事役所」などと称したのは前述の通りだが、これと矛盾する説として、慶応四年（明治元年）から明治二年の日光県成立までの鍋島の管轄下を「真岡県」や「石橋県」といい、これを日光県の前身とするというものがある。真岡県や石橋県の存在については既に昭和十六年（一九四一）刊行の宮武外骨《みやたけがいこつ》『府藩県制史』や、昭和五七年（一九八二）刊行の『栃木県史』で否定されているが改めて確認したい。

宮武外骨は、「本県ではないイカサマ県」として真岡県と石橋県を挙げており、真岡県について「あらゆる官版の府県誌、又は地方史」に登場するが、同時代の資料に「真岡県」は確認できない。これは、鍋島を下野真岡の知県事に任じたことから誤解していると指摘している。さらに宮武は、石橋県について、田代善吉（黒瀧）『栃木縣史』や『石橋町勢要覧』に登場するが、現地の資料調査を行った結果、石橋役所の近在の者が日光県石橋役所のことを「石橋県」と呼んでいたと指摘している。宮武の指摘通り、真岡県も石橋県も存在しない直轄県であるが、ここで問題になるのは政府刊行の資料「官版」に真岡県が登場するということだろう。

たしかに政府が慶応三年（一八六七）から明治十四年（一八八一）までの先例・法令等を分類して編集した『太政類典』には元年六月四日「真岡県ヲ置ク」という項目がある。この出典は政府の修史局が明治九年（一八七六）に編纂した『明治史要』第一編の六月四日条「〇真岡県（下野）ヲ置キ、鍋島貞幹（道太郎〇肥前藩士）ヲ以テ知事ト為ス」であるが、『太政類典』は真岡県設置の法令は、この『明治史要』

以外には見当たらないと注記をしている。すると『明治史要』の真岡県設置の記載が何を典拠にしているのかが問題になるが、これははっきりしない。『明治史要』以前に真岡県が登場する資料としては明治六年（一八七三）に記録課が編纂した『職官表』がある。『職官表』は『太政類典』編集でも参照されている文献で、元年六月四日に「置真岡県」とあるので、これが「真岡県」の初出の可能性が高い。

さらに『太政類典』には明治二年七月二十日「廃真岡県併日光県」という項もあり、この出典は『職官表』となっている。たしかに『職官表』にはこの通りの記載があるが、なぜ存在しない真岡県を廃止して日光県に併合するという記事が必要であるのか。明治二年七月二十五日に鍋島は日光県権知事に任じられていることと関係しているのかもしれないが詳細は分からない。

日光県の成立と管轄

話を本題に戻そう。明治二年二月、鍋島は政府に「県号伺」を提出し、石橋宿開雲寺に代えて日光出張所を本庁とし、県名を「日光県」としたいと願い出た。

【現代語訳】

この度、県号を定められることについては、いずれも陣屋のある場所の名を取って（県号を）唱えられている様子ですので、当野州については日光県と決定したく……（中略）……元来野州の人心・風俗はよろしくない上、中でも旧神領の分は旧幕府においてこれまで格別の取り扱いをしてきたため民心も自然と他と異なると考えて政教を軽んじ家産を怠り遊惰に流れ、弊害は一方なりません。それのみならず去春以来の騒擾（戊辰戦争）でさらに狡猾の風潮になって徒党を組んで政令も奉戴しない様子です。何分、時々出張したくらいでは諸事が行き届きません……（中略）……はじめから旧（日光）奉行所を陣屋と定めて役所とします。しかしながら石橋役所をたたんで（役所が）一か所に片寄ってしまうと、元々支配していた分は私領が入り交じり南北四十里、東西二十里ほどもまたがって数日の行程になり一方の民の難渋にもなります。かつ政教も行き届かなくなります……（中略）……これまで通り村々の便不便によって（村々を日光役所所管と石橋役所所管に）分けて、日光役所を本陣、石橋役所を出張所と定めて諸事を取り扱います。よって県号については前に述べた通り日光県と唱えたいので、何卒急速に御指図があるようにこの件を伺い奉ります。以上。

【原　文】

今般県号被相定候ニ付テハ何レモ陣屋有之候場所ノ名ヲ取被相唱候様子ニ候へハ当野州ノ儀ハ日光県ト相定申度……（中略）……元来野州人心風俗不宜上、就中旧神領ノ分ハ於旧幕府是迄格別ニ取扱来候故民心モ自然別境ノ様相心得、政教ヲ軽シ家産ヲ怠リ遊惰ニ流レ弊害不一方、加之去春来ノ騒擾ニテ倍慓悍狡猾ノ風ニ移動レハ党ヲ醸シ政令モ屹度奉戴不致様子モ有之哉ニテ何分時々出張仕候位ニテハ諸事行届不申……（中略）……遣ヨリ旧奉行所ヲ陣屋ト相定役所立置申候、去迚石橋役所畳置一ヶ所片寄候テハ元来支配ノ分私領入交ニテ南北四拾里程東西弐拾里程モ相跨数日ノ行程ニテハ一方ノ民難渋相成且政教モ行届不申……（中略）……是迄ノ通村々ノ弁不弁ニ寄両方ニ相分、日光役所ヲ本陣、石橋役所ヲ出張所ト相定諸事取扱申候、依テ県号ノ儀ハ前断ノ通日光県ト相唱申度候条、何卒急速御差図有之様仕度、此段奉伺候、以上

（公文録・明治元年・第二十七巻・戊辰・各県公文三（日光県）、国立公文書館所蔵）

このように鍋島は旧日光神領の統治の困難を理由に挙げて、日光に県庁を設けて「日光県」と称することを願い出た。とはいえここで鍋島が述べている通り、日光の本庁のみだと遠方になりすぎる村も出てしまうので、石橋役所も残して出張所とし、管下村々を日光本庁所管と石橋役所所管に分けることにしたのである。この願い出は受理され、二月十五日、旧真岡代官支配所・旧旗本知行所・旧日光神領を管

轄する日光県が成立した。

さて、日光県の管轄石高がはっきりと分かるのは明治三年（一八七〇）十一月時点の総計四十万一一〇六石八斗七升五合九夕である。この前後にも一橋領の上知や喜連川藩の廃藩、足利藩との管轄替などの変更はあるが、石高で見ると各郡の比率は大きく変わっていない。すなわち全管轄地の内、都賀郡が三一～三三％、芳賀郡が二五～二六％、河内郡が十一％、那須郡が十二～十三％、安蘇郡が七～八％、塩谷郡が四～七％、足利郡が三～五％、梁田郡が三％となる。都賀郡と芳賀郡が管轄地の半分以上を占めており、この二郡が日光県政の基盤をなしていたといえるだろう。

職制と官員

鍋島は、日光県成立の前年九月に「庁中規則」と「知県事政体」を定めて統治機構を整えている。知事以下の部局は、各局を統括しつつ社寺と臨時の職務を担当する「主政方」、農商工の振興と人民教諭・養老・駅逓を担当する「戸口方」、訴訟や治安維持・禁止宗教の取締りを担当する「刑獄方」、金穀出納を担当する「金穀方」、庁内の書類を管理する「書記方」の五つに分けられた。なお、「日光県史」では主政方は後から追加された可能性が指摘されているので、当初は四局体制だったのかもしれない。さらに十月十七日には「庁中事務手順」で事務手続きの手順が定められた。

ちなみにこの時点で政府は府藩県の職制のモデルとして「京都府規則」を示すに留まっていた。京都府の組織は、市政局と郡政局に大きく分け、市政局下に聴訟方・断獄方・庶務方・社寺方・会計方・書記・筆生・捕亡方・営繕方（郡政局兼務）・駅逓方（同）を、郡政局下に租税方・庶務方・営繕方・駅逓方・聴訟方（市政局兼務）・断獄方（同）・社寺方（同）・会計方（同）・書記（同）・筆生（同）・捕亡方（同）を置くという大規模なものだった。日光県の職制は、京都府を参考にしつつもかなりコンパクトにしたものだったと言えるだろう。

さて、日光県では明治二年八月、庁内組織の改正が図られる。主政方は廃止され、戸口方が「戸籍掛」、刑獄方が「聴訟掛」、金穀方が「出納掛」、書記方が「記録掛」と改められた。基本的に名称が変わっただけだが、聴訟掛の職務からは宗教の取締りという職務がなくなっている。また、この四局の他にも県の組織は存在した。日光には県の「学校」が設けられており、ここで教授職に従事する者たちもいたし、産業振興を担当する「開産所」も存在した。また、本書で取り上げる開墾仕法も「開墾方役所」や「開墾局」と呼ばれる部局が担当している。

官員については次の表の通りである。

官員構成について検討した大嶽浩良氏は、総数六一名の内、旧幕府代官手代等二二名（三六％）、各藩出身者十九名（三一％）、旧日光奉行所同心十四名（二三％）、下野在地出身者四名（七％）、その他二名（三％）と分析し、①小参事以上の幹部は鍋島を含め五名中四名が鍋島と同じ肥前藩出身であり、②旧幕府代官手代や日光奉行所同心等の実務経験者が積極的に採用されている事を指摘している（大嶽浩良『下

職名	氏名	出身
権知事	鍋島道太郎(貞幹)	肥前(佐賀)藩
大参事	藤川敬六(為親)	肥前藩
	井上如水(義斐)	静岡藩
少参事	柳川藤蔵(安尚)	肥前藩
	角田孝三郎(務行)	肥前藩
大属	早川勤助(元信)	宇都宮藩
	高塩又四郎(貞志)	喜連川藩
	小林啓之助(年成)	日光奉行所同心
	池田和平(幸保)	肥前藩
	森出集助(定栄)	幕府勘定奉行関東在方元締
権大属	倉持正作(成明)	旗本久世斧三郎家来
	渡辺邁(茂正)	壬生藩
	村上貞次(弥孝)	日光奉行所同心
	伊沢儀十郎(政苗)	石橋宿
	湯沢清記(斐章)	石裂加園山神社社人
	横田作太夫(展和)	肥前藩
	吉田収蔵(保人)	日光奉行所同心
	三沼熊吉(寿栄)	日光奉行所同心
	野村精一郎(雅一)	日光奉行所同心
	埴原和三郎(行忠)	旗本中根平十郎家来
	向嶋岸郎(広恵)	代官松本直一郎家来
	久保田譲之助(譲)	豊岡藩
	福山宗之助(正敬)	代官佐々井半十郎手附
	大槻熊次郎(保右)	幕府陸軍方調役
少属	大須賀樫郎(維祺)	飛騨郡代新見内膳手代
	斎藤額五郎(親美)	代官石原清一郎手附
	菅野周平(美重)	宇都宮藩
	手塚仙之助(信政)	日光奉行所同心
	中山英三郎(有応)	日光奉行所同心
	若林弥富(信義)	美濃郡代岩田鉄五郎手代
	村上嘉久弥(成貞)	日光奉行所同心
	足立良平(隆輿)	飛騨郡代新見内膳手代
	川嶋鉄次(政吉)	宇都宮藩
	野村勇之進(広勝)	日光奉行所同心
権少属	小倉東次郎(喜信)	野州都賀郡七石村
	柴田善平(繁礼)	日光奉行所同心
	小幡孝平(忠篤)	美濃郡代屋代増之助手代
	薄井賢三(知彰)	代官内海多次郎手代
	竹川録太郎(寿蔵)	代官森孫三郎手代
	田中庫吉(盈貞)	幕府勘定奉行附今市蔵番
	長沢左右一(貞譲)	美濃郡代屋代増之助手代
	田中才吉(利物)	美濃郡代屋代増之助手代
	福家又五郎(昌吉)	幕府勘定奉行支配関東在方役
	山口昇平(知志)	幕府勘定奉行支配関東在方役
	若井藤吉(平世)	壬生藩
	大越悌三(成美)	野州都賀郡小金井宿
	野中兵太(景徳)	蓮池藩
	日下田勳彦(晴純)	東京府士族
	手塚信一(信政)	日光奉行所同心
	村上鉄四郎(貞長)	日光奉行所同心
	柴田熊之助(光孝)	日光奉行所同心
	中野釤助(忠信)	関宿藩
	手塚壽雄(壽雄)	笠間藩
史生	黒川次郎(成功)	幕府勘定奉行支配関東在方役
	福島助作(泰家)	肥前藩
	磯貝鐸太郎(正道)	幕府小普請組
	足立永吉(隆則)	足立良平倅
	大沢為三郎(弘毅)	日光奉行所同心
出仕	上篠迂太郎(広義)	信州神井村
	林脩平(通久)	土浦藩
	三島六郎	不明

日光県官員職氏名一覧(明治3年7月)
(『栃木県史附録日光県史』政治部賑恤、
『栃木県史附録日光県史附録官員履歴』
を元に作成)

【表 2】　日光県の官員職氏名一覧(明治三年七月、大嶽浩良『下野の明治維新』323 頁より転載)

野の明治維新』）。なお、久保田譲之助は、「その他二名」の内の一名である。

県政の展開

続いて日光県の民政の展開について見ていこう。明治元年九月一日、鍋島は管下村々に対して風俗の立て直しを表明し、積極的な廻村を行って支配地の把握を始める。鍋島は戊辰戦争における軍夫などの負担による農作業への支障や、兵火による直接の被害、さらには不作による村々の荒廃を問題視していた。くわえて旧日光神領については「格別ニ取リ扱イ来リ故」に民心も他と異なり弊害があると考えていた。このような問題意識から鍋島は旧日光神領の改革に意欲を示し、貢租改革を目論むも徹底されなかった。この点については、次項で詳しく見ていきたい。

また、支配地の荒廃対策として、本書の主題である開墾仕法を開始して開墾の奨励を行った。さらに、「日光物」の国産化を目論んで政府から一万両を借用し、明治二年から開産所を開設し、材木・朝鮮種人参・麻・茶葉を対象にした開産仕法も展開した。くわえて近世来の課題であった姿川の幕田《まくた》河岸（現・宇都宮市）に日光・今市からの水運用の水路を築く姿川通船計画の実現に向けた動きや、県少属の仲田信亮による養蚕奨励の建議も確認されるなど、積極的な勧業政策を行っていた。しかしながら、開産仕法は宿村の反対に遭って麻の専売に失敗し、通船計画も頓挫するなどの失敗もあった。

このように日光県の県政は必ずしも順調とは言えないものであった。とはいえ県政を揺るがすような大問題も起こっておらず、後に知県事の鍋島は、「良二千石」の評判を得た名地方官と評価されることになる（宮武外骨『府藩県制史』）。鍋島は、地方官の解任や異動が頻繁な明治初年にあっては珍しく、明治十三年に栃木県令を辞するまでの長期間、同一地域の地方官を務めることになった。

貢租改革と地域の反発

長期間続くことになる鍋島県政で、もっとも大きな困難といえるのが、立県初期に行った貢租改革と、それに対する管下の百姓たちによる訴願運動である。

明治二年十二月、梁田《やなだ》郡北友之郷《きたとものごう》村（現・足利市）他二四か村の百姓らが集団で年貢の減免を求める訴願を行ったが、村役人ら七名が日光県に捕らえられて獄死するという事態が発生した（『近代足利市史』第一巻）。獄死した上渋垂《うえしぶたれ》村（現・足利市）名主内蔵之助の倅彦一郎が父の心中を詠んだ漢詩は、明治四四年（一九一一）に建立された義民顕彰の碑に刻まれ、その一節「鍋嶋獣政万古伝」は、知県事鍋島の貢租政策の苛烈さを示すものとして知られている。現在、この碑は「梁田義民碑」の名称で足利市指定有形文化財になっている。

さらに十一月十六日には、那須《なす》郡片府田《かたふた》村（現・大田原市）他十八か村の百姓五百人が年貢減免を求めて佐久山《さくやま》宿（現・大田原市）に押し出す事件も発生している。十一月末にも都賀郡下石橋《しもいしばし》村（現・下野市）周辺に小薬《こぐすり》村（現・小山市）他の多人数が結集しており、翌日には下総国古河《しもうさのくにこが》（現・茨城県古河市）に都賀郡今泉《いまいずみ》村（現・栃木市）他三一か村千百人余りが集まって日光県の官員が鎮撫におもむいている。

この他にも旧日光神領の村々では県による安石代（二石五斗＝一両の換算で年貢を金銭で納める通常よりも低率の年貢）の廃止を撤回させる運動が行われた。

これらの騒動の原因は、日光県が明治二年に年貢の改革を行ったことにある。前述したとおり、日光県は様々な旧領地を接収して成立しているので年貢の集め方や年貢率も多様だった。そこで鍋島は年貢の「不公平」な状況を改めるべく、①旧日光神領に適用されている安石代を廃止した上、②県下全域で収穫を確認して年貢量を決める検見を実施し、③年貢米を換金して納める時の換金相場も統一した。さらに④県内一五七か村で行われていた畑からの年貢を購入した米で納めさせる「畑方米納」という慣行も廃止して、畑の面積に応じて金銭で納入させることにした。

しかし、実はこれらの改革は政府に無断で実施されたものだった。明治三年になると政府は日光県に対して先の処置の①・②は旧日光神領に過酷で行うべきではなかったこと、③は政府の指示した相場にすべきだったことを通達した。そして①・②・③の改革の結果、旧日光神領から取った年貢の量は増加したが、県全体で見ると本来集めるべき額十万九五一一両余より四万七六七十両余も不足することが発覚し、鍋島に謹慎四十日の処分が下された。さらに④についても政府は許可していないので撤回し、不足した年貢を追徴するよう日光県に指示がなされた。

これら一連の問題が発覚した際、日光県は何度も政府に弁明を行っている。これらの弁明からは「御一新」を掲げて旧領地を接収し、様々な新政策を行っている日光県が、不公平な年貢を残したままでは民衆に説明がつかないという考えの下に改革を行ったことが分かる。

このように日光県は単純に年貢の増徴を目論んで年貢の改革を行ったわけではなかった。そして、数々の訴願運動に直面したことからも分かるように成立間もない県の基盤は脆弱だった。地域の実情に即した柔軟な政策を展開する必要があったのであり、その一つが久保田譲之助の担当した開墾仕法であった。

《コラム②》 明治初期の藩

明治初期の藩については、江戸時代のまま温存されていて、版籍奉還が行われても内実は変わらずに廃藩置県を迎える、と一般に認識されていることが多いのではないだろうか。実は、明治初期の府藩県三治制期は、藩にとっても大きな転機に当る時期だった。

そもそも「藩」が初めて制度上に登場するのが、慶応四年（一八六八）閏四月に新政府が国制を定めた「政体」である。それ以前の「藩」と呼んでいるものは大名家（高一万石以上の領主）の統治機構と領地の総体を指す通称に過ぎない。例えば幕末の宇都宮藩領であれば、正式には「戸田土佐守領分」と表記すべきで、公的な文書等にはこの表現で登場する（ただし、私的には「○○藩」という表記は使われていた）。とはいえ新政府も慶応三年（一八六七）末の大政奉還の翌日に発した布達で、諸大名の事を「諸侯」と呼び、布達の宛先を「諸藩」としているなど、「藩」の存在を当然のものとみなしていた。

さて、新政府は「政体」で藩を正式に地方統治の単位に位置付けると、その年の八月五日に「府藩県一定之御規則」を立てるためのモデルとして府藩県に対して「京都府規則」を示した。そして十月、「藩治職制」が布告され、大名家ごとに異なっていた職制を統一して府県と一致させることや、藩主家と藩の用務を分離することなどを指示した。翌明治二年（一八六九）六月には版籍奉還が行われ、藩の土地と人民が天皇の下に返されて諸藩主は改めて地方官「知藩事」に任じられた。あわせて政府は諸藩の諸務変革を指示し、知藩事の家禄の制限などを行った。

さらに明治三年（一八七〇）九月十日、より踏み込んだ改革を求める「藩制」が示された。職制は府県とのさらなる一致が求められた上、予算は規制され、賞罰は事前に政府の許可が必要になり、藩債の償却を計画的に進めることなどが指示された。このように江戸時代の大名家は、明治初期に「藩」として再編成されて、幾度にもわたる改革指令を受けて徐々に体制を変質させていったのである。

とはいっても管轄地の交換など抜本的な改革は行われなかった。各地には飛地が残っていたし、ひとつの村を県と複数の藩が管轄するような状況もそのままだった。例えば都賀郡平井村（現・栃木市）は村高約七百石の内、三百石が日光県・二五十石が下総国佐倉藩・一五十石が常陸国下妻藩の管轄下に置かれていた。このような府藩県の錯綜状況の解消は、廃藩置県とその後の廃置分合まで待たなければならなかった。日光県も広大な下野国の中にモザイク模様のように散在する管轄を統治していかなくてはならなかったのである。

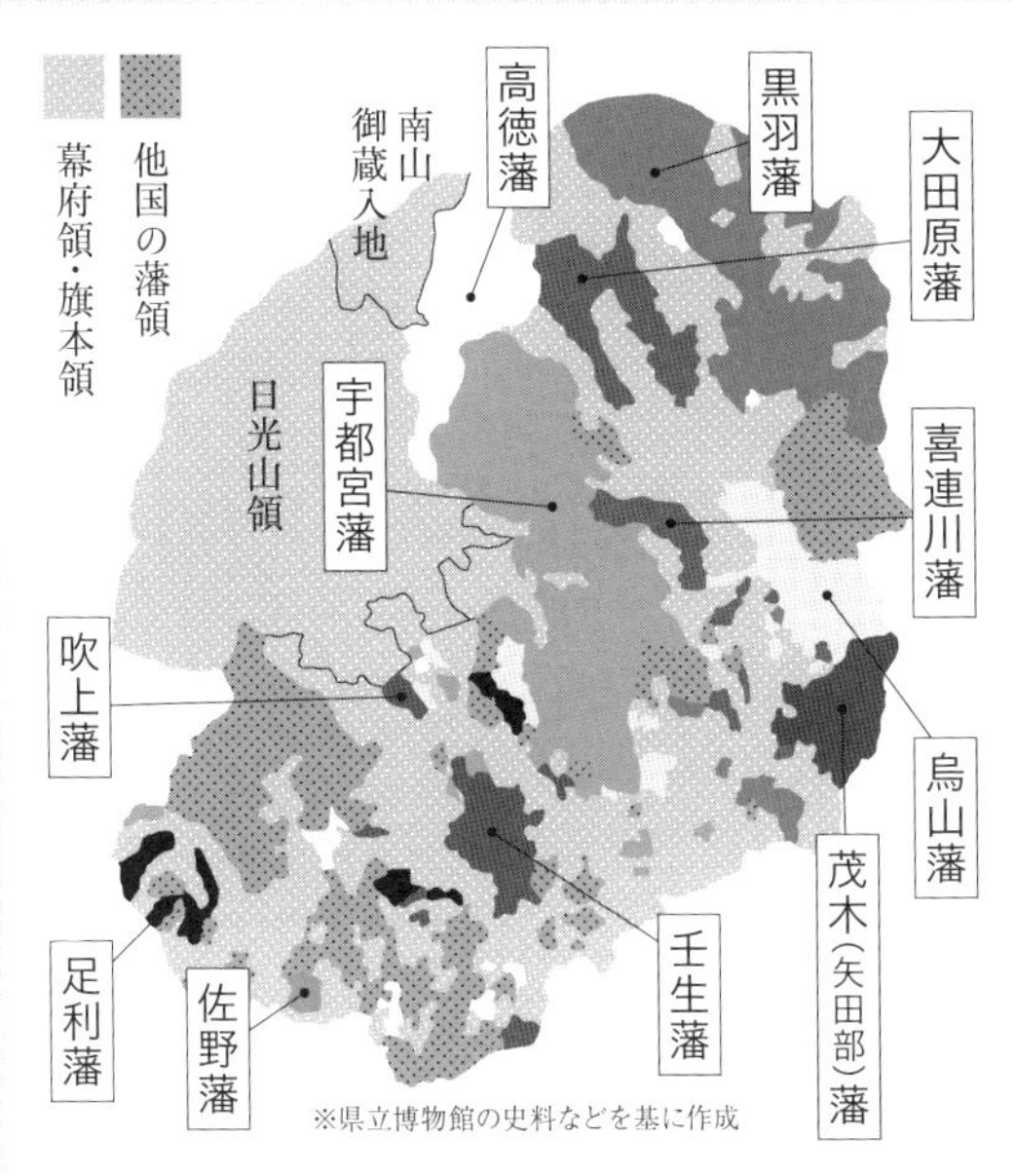

幕末における下野国の領地分布図
（『明治維新 150 年 栃木県誕生の系譜』下野新聞社より転載）

第3章

日光県の開墾仕法

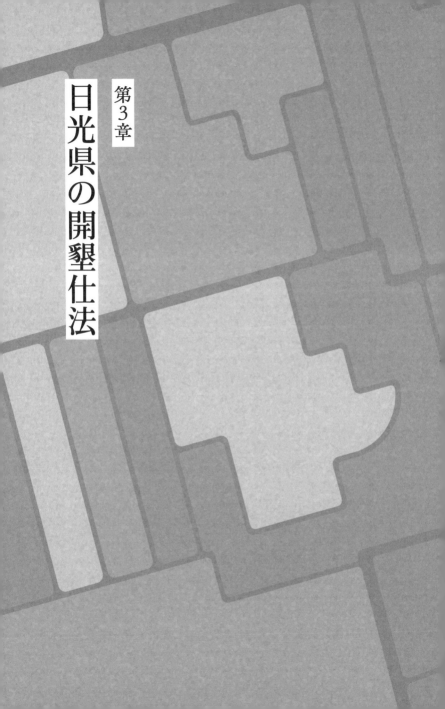

知県事による仕法開始の願い出

明治二年（一八六九）三月二十七日、知県事の鍋島は政府に宛てて開墾仕法を行うことと、その費用を都合したいことを願い出た。鍋島は日光県の状況を次のように説明する。

【現代語訳】

当県は比類ない不毛の土地であるため元々困窮した村ばかりだったところ、これまで民を大切にする政治も失い、風俗は大いに崩れてばらばらになり、下民は遊び怠けて博打を好み、商工業で得られる小さな利益を求めて農業を怠り、ついには家の経営を破綻させて落ちぶれる者も少なくありません。田畑は年を追って荒れて人口も日々減ってしまい、ますます困窮に陥っていますが、自力で荒れた田畑をもとに戻そうなど思いもよりません。民の心は狡猾になってしまい、いわゆる「生業がない者は正しい心もない」という訳で、自然と法を破ることも恐れなくなって、その家を立ち退き（後略）。

【原　文】

当県ノ儀ハ無双ノ薄地ニテ元来難渋ノ村而已ニ御坐候処、是迄撫育ノ道ヲ失ヒ風俗大ニ潰敗シ下民遊惰ニ流レ博奕ヲ好ミ末利ヲ遂ヒ往々農業ヲ怠リ遂ニ家産ヲ破リ退転ニ及候者モ不少、田畑年ヲ追テ荒戸口日々減シ方方益困窮ニ陥リ迚モ自力ニテ荒蕪ノ地起発等思モ不寄、民心愈狡猾ノ風ニ走リ所謂無恒産者無恒心ノ訳ニテ自然御法度モ不相怖軽易ニ其家ヲ立退（後略）

（公文録・明治元年・第二十七巻・戊辰・各県公文三（日光県）、国立公文書館所蔵）

鍋島は、このように日光県下村々の苦境を説明した上、荒廃した民の風俗を改めるには衣食を足らしめることが第一であるとして、開墾仕法の実施を表明したのである。鍋島は、この願書で開墾仕法を「当県施政ノ根本」であるとしている。この願い出は翌四月に許可されて正式に仕法が始まることになる。

なお、戊辰戦争による戦火と明治初年の凶作によって下野国の村々が苦しい状況にあったことは間違いない。しかし、鍋島には管下の困窮ぶりをアピールして政府から仕法実施の許可と、その費用を引き出す必要があった。そのため、このような鍋島の現状認識は大げさな面もあることを考慮する必要があるだろう。

鍋島は開墾仕法実施の伺いと共に、政府へ堕胎防止のための養育仕法の実施も願い出ている。養育仕法は政府の許可が下りずに実施されていないが、養育料をもらった子どもが男子は十六歳から「荒地起発方人夫」を、女子は開産所にて機織りを十四歳から三年間、県からの給金をもらって奉仕する計画になっている。これらの結果、人口増加と荒地起返、産業振興が実現するというもので、開墾仕法・開産仕法・養育仕法といった各仕法の連携が企図されていたことが分かるだろう。

仕法の原資〝朝鮮種人参〟

鍋島が開墾仕法の原資として注目していたのが朝鮮種人参《ちょうせんだねにんじん》であった。鍋島は、仕法に使う毎年五百両の費用を向こう十年の間、「当県産物」の「人参」の利益から捻出したいと政府に願い出て、その許可を得た。ここでいう「人参」とは、ウコギ科の多年草オタネニンジンのことで、現在では「朝鮮人参」や「高麗人参」の名で漢方薬の原料として知られている。当時の文書では「朝鮮種人参」と書かれることが多いので、以下「朝鮮種人参」としたい。

さて、この朝鮮種人参は、古来より薬の材料だったが、日本には自生せず、大陸からの輸入に依存していた。そこで、八代将軍徳川吉宗は、庶民が朝鮮種人参を安価に購入できるように国産化を目指し、日光周辺での栽培を成功させた。以後、朝鮮種人参は、日光周辺の村々で特産品の一つとして生産されるようになっていた。

このように、生産の目的のひとつが一種の福祉政策であったこともあって、江戸時代の朝鮮種人参の生産と流通は幕府の統制下におかれていた。この統制を「御用作」と呼ぶ。下野国における朝鮮種人参生産や流通については、熊田一氏や仲沢隼氏の研究が詳しい（熊田一『野州一国御用作朝鮮種人参の歴史』・仲沢隼「朝鮮種人参生産の展開と御用作人」）。

朝鮮種人参（鹿沼市教育委員会提供）

鍋島が人参の利益に目を付けた背景には、日光県が弘化元年（一八四四）以降の御用作体制を踏襲していたことがある。つまり、日光県は朝鮮種人参の生産と流通を管理しており、大きな利益を得ていたのである。例として明治二年の人参の利益を確認しよう（「公文録・明治四年・第八巻・辛未二月～三月・民部省伺」国立公文書館所蔵）。この年の収穫量は七八九一貫五九八目（約二万九五九三キログラム）で、その内、七八六三貫九八目（約二万九四八六キログラム）が買上の対象になっている。この人参から得られる収入が一万五四一三両余で、そこから耕作する御用作人たちへの支払いと、御用作のための見分や中製法（洗浄・乾燥）のための費用、東京までの運賃を引くと、純利益は六三七一両余となる。日光県はここから開墾費用五百両を引いた五八七一両余を政府に上納している。

当時の直轄県の予算は、明治二年七月の常備金規則によって管轄する石高に応じて定められており、独自の財源を確保することが難しかった。そのような中で、朝鮮種人参の利益は魅力的なものだったと考えられる。

なお、日光県は宇都宮藩の支配地村々で栽培されている人参の管理も行っていた。宇都宮藩でも朝鮮種人参の利益を財源にしようと目論み、明治四年三月に人参栽培の藩への移管を民部省に願い出たが却下されている。政府にとっても人参から得られる利益は貴重であり、安易に移管できるものではなかったのだろう。

村々への仕法開始の布達

実は、鍋島が仕法の実施を政府へ願い出て許可を得る前、すでに日光県管下の村々には仕法の開始が告げられていた。明治二年三月七日、県は村々が困窮して戸数や人口が減ったことで荒地が多くできており、衰退が極まっているため仕法を開始するとして次の内容を示した。

① 荒れた田の起こし返しには、その難易に応じて作業に従事する者の賃金や扶持米を与える。

② 面積の大小は関係なく出願できる。

③ もし、自力での田の起こし返しが難しい時は人足を派遣することもできる。

④ 心がけが良い村には、開発を援助する他に、潰式の取立（潰れた百姓家に新しく相続する百姓を入れて再興すること）や質地請戻（質に入れた土地を取り戻

すこと）・囲穀（凶作などに備えて穀物を備蓄すること）などで優遇する。

⑤ 復興した田は十五か年の間、年貢を取らない。代わりにその間は、収穫の十分の一を冥加米として納めること。

⑥ 土地によっては最初の年の冥加米は不要とする。

⑦ 開発しやすい近場の肥えた土地から起こし返しをすること。

⑧ 明治二年の田植えまでに起こし返しをした場合は仕法の対象にするので後から申し出ること。

⑨ 仕法は久保田譲之助が担当する。

このように田の復興を推進する内容になっている。布達中では書かれていないが、後述するように開始当初の開墾仕法は都賀郡と河内郡の二郡のみが対象であった。開発自体に人的・金銭的援助がなされる他、開発した田の年貢は十五年間免除され、代わりに収穫の十分の一の冥加米で良いというのであるから村々にとっては好条件といえるだろう。なお、集められた冥加米は朝鮮種人参の利益五百両と合わせて新たな仕法の原資になった。

開墾仕法の拠点には今市宿の「二宮弥太郎元役宅」、つまり日光神領仕法の拠点だった旧報徳役所が選ばれた。この拠点は、明治二年八月四日に「開墾方出張所」と名称が改められた。

報徳仕法との関係

開墾仕法の担当者が久保田譲之助であり、その拠点が旧報徳役所に置かれたことからも分かるように、この仕法は日光神領において行われた報徳仕法の後継ともいえる事業だった。

仕法の担当者になった譲之助は、仕法開始に先立つ明治二年一月に下野国知県事役所の三等下吏に任じられた。三月には「開墾方主役」の肩書を得て、名実ともに仕法の担当者となっていた。

さらに、第一章で見たように日光県は二宮弥太郎の日光への帰還を視野に入れて譲之助に仕法を再開させていた。日光県の廃県後に弥太郎が栃木県に対して開墾仕法の継続を願い出た願書では、日光県が仕法を開始する段階で「公〈鍋島〉は右の仕法を採用する趣旨で遠く臣（二宮弥太郎）を召され〈公右仕法採用之御旨を以遙ニ臣を召給〉」と、弥太郎が鍋島から日光への帰還を命じられていたことが書かれている（『いまいち市史』史料編・近世Ⅶ）。しかし、弥太郎は持病があったのでこれに応じることができなかった。弥太郎は、自身の代わりに門人を日光に差し向けることにし、明治二年七月には中村藩士の山中四方八と新谷源次郎が日光県の開墾役所に赴任した。「日光県史」でも、山中と新谷は、県が弥太郎の復帰を求めたものの実現できなかったため、代わりに出仕したものだと書かれている。さらに一年余り後には、同じく中村藩士の伊東卯三郎も開墾役所に加わった。なお、中村藩士の三名は中村藩が俸禄を給した上で、日光県が「借りる〈借ル〉」形で出仕していたので、譲之助とは違って日光県の正規の官員ではなかった。

このように弥太郎は間接的に日光県の仕法に関与していた。また、彼は、日光県が日光神領における報徳仕法を継続しているとも認識しており、仕法に対して自らの意見を伝えていた（大嶽浩良『下野の明治維新』）。そして、弥太郎が書面を通じて仕法に対する助言や自らの意見を開墾役所の面々に伝えていることが分かる史料が、現在、国立国会図書館に収められている二宮尊徳関係資料の中にある「野州今市詰より御問合書写」である。

「野州今市詰より御問合書写」

この問合書は、明治二年八月に譲之助以外の日光県の開墾役所のメンバー、おそらく山中か新谷のどちらかが知県事の鍋島と仕法の詳細を打ち合わせした際の内容を相馬にいる弥太郎の下へ送付して意見を求めたものである。

問い合わせの内容と、それに対する弥太郎の返答を見ていこう。まず、前述した触書と政府への願書には記されていない開墾仕法の内容が分かる。問合書からは、開墾仕法が都賀・河内二郡において「専ら田を開発することを主として取り扱う〈専ら開田を主とし可取扱〉」という方針であったことが分かる（一条目）。さらに、朝鮮種人参の利益から捻出した仕法金五百両の内百両は「絶えた家を再興して新たな住民を迎え入れ、心がけの良い住民を大切にして農具を与え〈絶家を興し新民を建て、良民を撫し農具を与ひ等取扱〉」、残り四百両は「都賀郡と河内郡の内、日光県庁管轄村々の肥沃な場所の開田〈都賀・河内二郡、日光掛之村々、地味宜敷場所開田〉」にあてる（一条目）という目算であったことも分かる。これらについて弥太郎は、日光県と相談して適宜進めるようにと返答をしている。

また、鍋島が仕法に対して積極的な姿勢を示したことも分かる。鍋島は開墾役所に対して、都賀・河内二郡以外において自力で開発した場所については十五か年の鍬下年季を認め、六年目からは収穫の十分の一の冥加を取ってはどうかと提案した（五条目）。これに対して、開墾役所は「少しも（開発の）資金を恵んでいないのに（冥加だけを）納めさせることはいかがなことか〈一金も不恵為納候は如何に御座候〉」と返答したため、この措置は保留となった。ただし、開墾役所は弥太郎に対して、旧幕領で田の開発をした場合、「五年か七年位で租税を納めるという措置〈五年、又は七年位にて、租税を相納候振合〉」が取られていたと聞いているので、六年目から十五年目までは収穫の十分の一の冥加で良いという鍋島の提案は「御仁恵」とも考えられると書き送っている。これに対して弥太郎は「五年目までは無年貢とし、六年目からは冥加米として二斗の納入をさせれば良い〈五ヶ年無年貢、六ヶ年目より冥加米弐斗為納候方可然候〉」と鍋島の提案に賛同した。

また、開墾役所は弥太郎に対して、県の仕法が都賀・河内二郡のみで実施されるため、これまで日光神領仕法の対象だった「足尾」（安蘇郡）と塩谷郡は報徳仕法の年賦金の取立だけをすることになって不都合ではないか、と意見を求めたが、弥太郎は「都賀・河内郡以外まで貸し付ける資金はないので仕方がないこと〈其外迄貸附候分量無之、無余儀事〉」と県の方針に同意している。

このように問合書からは、鍋島が仕法を積極的に推進しようとしていることと、開墾役所の面々が従前の日光神領仕法との兼ね合いから慎重に対応しようとしていたこと、そして弥太郎は鍋島の意向に賛同していたことが分かるだろう。

食い違う三者の意向

しかしながら、問合書からは、鍋島・開墾役所・弥太郎の方針の相違も見受けられる。

大きな方針の相違は、冥加米の徴収方法である。鍋島は「開発の年限の間は全てを開墾役所に任せるので、冥加米の徴収も開墾役所が行うのが当然〈開発年限中都て開墾局へ御任せ相成候儀に付、冥加米当局にて請取当然〉」と主張した。これに対して開墾役所は「報徳仕法にとって取立をすることは甚だ心苦しい次第だが、先生（二宮弥太郎）が独断で行う仕法ではなく、日光県役所で開墾役所の所掌とするのであれば仕方のないこと〈御主法に執り取立之儀は甚だ心苦敷次第、乍去先生御手限之御仕法に無之、日光県役所にて其局之任に御座候得ば、次第柄無之〉」と苦慮していることを弥太郎に相談した。

　弥太郎も「仕法は『施』を先に行い、『取』は後にする〈主法之儀、施を先務と致し、取を後にいたし儀〉」のものであると開墾役所の懸念に同意する。その上、弥太郎は開墾役所が問題としていない開発一年目からの冥加米徴収についても「今年からの取り立ては甚だ差支え〈即年より取立候儀は甚差支〉」があるとも主張している。そして「旧幕府が仕法を扱っていた時も租税取立方が〈冥加〉は取り立てていたのだから、なるべく〈日光県でも〉租税取立方が受け取る〈旧幕取扱中も租税取立方にて取立候事に相成居候間、可相成は租税御取立方にて御受取〉」ように県と調整するよう開墾役所に指示した。

　また、譲之助が、真岡・東郷に保管していた報徳仕法の資金三八十両を日光県の開墾仕法に流用することを鍋島に働きかけたが、鍋島は許可しなかったことも問合書には書かれている。この鍋島の対応と、前項で開墾役所が日光神領仕法と日光県仕法の兼ね合いを気にしていたことと合わせて考えると次の点が指摘できるだろう。すなわち、開墾役所は、日光県の開墾仕法とは旧来の報徳仕法の延長線上にあると考えていたのに対し、鍋島は報徳仕法のノウハウを活用しつつも、開墾仕法を単純な報徳仕法の継承とは位置付けていなかったのである。

拡大する開墾仕法

明治三年（一八七〇）二月、日光県は都賀・河内両郡以外にも仕法の対象を拡大した。これは、問合書で鍋島が提案していた措置を実行したものである。すなわち都賀・河内の二郡以外は、開発に伴う金銭的・人的な援助はされないものの、明治二年以降の自力開発分は、十五年の鍬下年季とされ、六年目から十五年目までの間の収穫十分の一の冥加の納入が求められることになった。前述の通り、都賀郡・河内郡では基本的に開発一年目からの冥加米徴収が行われるので、援助がない他郡は一〜五年目までは年貢も冥加も不要とすることで配慮していることがうかがえる。

さらに同年五月二十三日には、仕法の対象が畑開発にまで拡大された。その内容は次の通りである。

①新地・荒地とも自力の畑の開発には賃金を与える。

②①で開発した畑は十五か年の鍬下年季を設定し、年限中は年貢永の十分の七を納める。

③①で開発した畑を鍬下年季中に田に開発した場合、その年から収穫の十分の一を納める。

④生畑田成（耕作している畑を田にする）をした場合は、鍬下年季は十五か年とし、年季中は以前通りの畑年貢永を納めつつ、収穫米の十分の一を冥加として開墾局に納める。

⑤④の場合、畑年貢永の上納分は収穫米の十分の一の内をもって開墾局から村々に還元する。

このように仕法の対象が畑にも拡大された。しかし、②・③・④・⑤の通り田の開発をした方が有利な内容となっており、畑に対象を拡大しつつも引き続き田の開発促進を図っていることが分かるだろう。

では、管轄地全体で仕法の成果は具体的にどの程度挙がったのか。【表3】は、明治二年・三年に仕法によって開墾された面積を郡別・種別に表したものである。田の新地開発・荒田起返・荒畑田成が全面積中七九・八一%を占め、県が意図した通り田が優先して開発されている。さらに、田畑の新地開発と荒畑田成の合計が六一・〇六%である点からは、荒地復興を目的に始まった開墾仕法が、実際には新規の田や用水の開発につながっていたことが分かるだろう。

なお、全開発に占める都賀郡の開発面積が四五・五七%と、成果が都賀郡に偏重している原因としては管轄地の偏りだけでなく、次章で取り上げる同郡板荷村の影響が大きい。板荷村では荒畑田成十四町一反九畝九歩という他村と比べて規模が大きい開発が行われており、他種別も合わせた田の開発の合計は明治二・三

河内(11%)	安蘇(7～8%)	塩谷(4～7%)	(種別合計)	百歩比(%)
2町4反7畝08歩0厘(04)	4町0反3畝23歩0厘(02)	2町6反0畝25歩0厘(01)	27町8反5畝22歩0厘(21)	30.33
3町2反7畝12歩0厘(07)	2町1反2畝29歩0厘(05)	**6町9反9畝07歩0厘(08)**	25町2反0畝08歩5厘(41)	27.44
0町2反9畝23歩0厘(03)	3町3反2畝09歩0厘(02)	3町3反2畝09歩0厘(02)	20町2反3畝23歩0厘(12)	22.04
0町1反3畝19歩0厘(01)	0町0反4畝15歩0厘(01)	0町4反6畝06歩0厘(02)	7町9反7畝24歩0厘(08)	8.69
—	0町0反3畝19歩0厘(01)	—	10町1反8畝23歩0厘(08)	11.09
—	—	—	0町3反7畝25歩0厘(01)	0.41
6町1反8畝08歩00厘(13)	9町5反7畝05歩00厘(07)	10町0反6畝08歩00厘(09)	91町8反4畝05歩05厘	100.0
6.73%	10.42%	10.96%	100%	100.0

出典：「巳午両年開墾反別取調届」（「公文録・明治四年・第九十四巻・辛未五月～七月・日光県伺」国立公文書館蔵、請求番号公00545100）。県の郡別管轄割合は、拙稿「直轄県における開墾仕法—日光県を事例に—」（下野近世史研究会編『近世下野の生業・文化と領主支配』岩田書院、2018年7月所収）の【表1】より作成。

両年の全成果の内十五・六九％、田のみに限れば十九・六六％になる。明治二年から四年にかけての板荷村における仕法の成果は総反別二二町九反十六歩にもなった。このように仕法は管轄地全体に広く行われたわけではなく、村によって成果の差が大きかったのである。

都賀郡富岡村の仕法

では、仕法が実際にどのように進められていたのか都賀郡富岡村（現・鹿沼市）を事例に見ていきたい。

富岡村は現在の鹿沼市北東部に位置する村で、中央を行川が流れ、村の南部で黒川に合流する。

【表3】郡別・種別の仕法成果

種　別	郡名（慶応4年～明治4年までの全管轄に占める石高の割合）		
	都賀（31～33%）	芳賀（25～26%）	那須（12～13%）
新地開発〈田〉	**12町4反4畝22歩0厘（11）**	1町3反0畝00歩0厘（02）	4町9反9畝04歩0厘（01）
荒田起返	4町4反6畝01歩5厘（14）	2町9反6畝11歩0厘（05）	5町3反8畝02歩0厘（02）
荒畑田成	**15町7反5畝22歩0厘（05）**	0町8反5畝29歩0厘（02）	—
新地開発〈畑〉	**6町0反3畝15歩0厘（02）**	1町2反9畝29歩0厘（02）	—
荒畑起返	3町1反5畝02歩0厘（02）	**7町0反0畝02歩0厘（05）**	—
荒田畑成	—	**0町3反7畝25歩0厘（01）**	—
（郡別合計）	**41町8反5畝02歩05厘（22）**	13町8反0畝06歩00厘（12）	10町3反7畝06歩00厘（03）
百歩比	45.57%	15.03%	11.29%

註1：**太字**は各種別の最高値。　　註2：面積の後の（　）は宿村数。
註3：「郡別合計」の宿村数は各種別で重複する村を1村と数えているため合計は一致しない。

村の東端の台地上には小山—今市間を結ぶ日光道中壬生通り（現在の日光例幣使街道）が通り、西部は板荷から続く低い山地となっている。幕末の支配は四九九石余が旗本の藪光次郎知行所、三六石余が多古藩領で、明治初年に藪知行所が下野知県事支配・日光県管轄となった。家数・人別は明治元年（一八六八）時に三九軒、二一五人を数える。

富岡村の主な生業は農業で、米と雑穀を生産する他、麻や朝鮮種人参も栽培していた。農業の他は、男は薪取りを、女は麻糸作りを行っていた。行川沿いの沖積低地に人家が集まり水田が広がるが、田畑は度々洪水の被害を受けており、かなりの面積の耕作が不可能になっていた。水害による荒地は明治元年時点で、田反別十七町四反三畝十歩の内六町八反二六歩、畑反別五七町六反二畝七歩の内十一町三反四畝六歩であり、この分の年貢も免除されていた。

明治三年中の富岡村の仕法実施の出願状況を確認すれば【表4】の通りとなる。No.４の面積が突出しているが、これは富岡村とその東に隣接する武子村の台地上の村境にあった御林（領主の林）を畑に開発しようという出願である。出願を受けた日光県は、これを開墾仕法に組み込む形で実施しようとしたが大蔵省との折衝が長引いた結果、廃県時に至っても着手されなかった。No.４

No.	出願日	出願者	字(現況)	反別			
				町	反	畝	歩
1	3月	常右衛門 武右衛門 儀助	河原 (荒地)	2			
2	3月	甚右衛門 伊右衛門	栃室(不明) 神田(不明)		5		
3	5月	卯之助 兵右衛門	栃室(不明) 宮脇(不明) 田中(不明) 遠下(不明)	1			
4	9月	善助 儀助 甚平 甚右衛門	八幡台 (御林)	60	5	4	
5	9月	卯之助 兵右衛門 新三郎	栃室(不明) 宮脇(不明) 田中(不明) 遠下(不明)	1			

註：日付はすべて不明。出典：三品格一家文書１０２「御用留」（鹿沼市教育委員会寄託）。

【表 4】明治 3 年中の富岡村の仕法出願

は、明治三年五月に仕法の対象が畑に拡大したことをうけての動きであると考えられる。ここでは№1の事例からどのように仕法が実施されているのかについて見ていこう。

仕法の実施方法

明治三年三月四日、富岡村に久保田譲之助から「荒地開墾願之場所」見分のため五日早朝に出張する旨の書付が到来した。なお、廻状には「追って雨天のため延期すること〈追而雨天日送之事〉」と追記があるため四日の見分は延期されたことが分かる。富岡村は三月六日に久保田から昼賄料二朱を下げ渡されているため、見分は一日遅れの六日に行われたと考えられる。

この見分に先立って提出されていたと考えられるのが、№1と№2の願書である。両願書はほとんど同文であるので、ここでは№1の願書の内容を確認したい。

【現代語訳】

恐れながら書付をもって願い上げ奉ります

一　御支配所都賀郡富岡村の上郷役人と当人常右衛門他二人が申し上げ奉ります。私どもが所持する字河原の荒地おおよそ二町歩程につきまして、近年諸穀物がとりわけ高値なので、ぜひとも開発致したいと考えておりますが、何分自力には及びかねて当惑していましたところ、昨巳年以来、開墾のご仕法を実施なされておりますので、この度恐れながら右の場所の開墾のご仕法をお願い申し上げます。何卒格別のご慈悲をもってご見分なされて願いの通りにお聞き届けになりますよう、ひとえに嘆願奉ります。以上。

【原　文】

乍恐以書付奉願上候

一　御支配所都賀郡富岡村上郷役人并当人常右衛門外弐人奉申上候、私共所持宇河原荒地凡弐町歩程御座候処、近年諸穀物別而高直ニ付、是非共開発仕度与存候得共何分及自力兼当惑御座候処、昨巳年以来開墾之御仕法御立被成下候ニ付、今般乍恐右場所開墾之御仕法御願申上候間、何卒格別之以御慈悲御見分被成下置、願之通り御聞済相成候様偏ニ奉嘆願候、以上

（三品格一家文書一〇二「御用留」明治三年三月条）

このように富岡村の常右衛門ら三名が宇河原の荒地二町歩の復興を計画して、仕法の実施とそれに先立つ見分を願い出た。先の譲之助の見分の知らせはこの願いに応じたものだろう。なお、常右衛門は富岡村上郷の名主を勤める人物である。見分の結果、この願い出は受理された。

四月八日、富岡村に譲之助から「その村の開墾を始めるので板荷村から土木工事の人足を十二日に差し遣わす〈今般其村開墾相始候ニ付、板荷村ゟ破畑人足来ル十二日差遣ス〉」ので、宿などの準備をすることと、人足用の米を板荷村に取りに来るよ

うにとの指示がなされた。これを受けて富岡村は四月一日に板荷村の名主富久田伊左衛門から玄米三二俵を受け取った。さらに、四月二一四日には譲之助による開墾場の見分が行われる予定だったが、「御用都合」により中止になった。この見分は譲之助が酒野谷村・西沢村・口粟野村といった現鹿沼市域の村々の堤防工事の見分の帰りがけに行われる予定だったので、時間がなくなったのかもしれない。

これ以降、常右衛門らの出願による宇河原の仕法の動向は史料上からは分からないが、次の点が指摘できるだろう。まず、仕法を実施する動機が「近年諸穀物がとりわけ高直〈近年諸穀物別而高直〉」であったことである。【表4】に挙げた他の出願でも、「諸穀別而高直」（No.2）や「物価高値」（No.3～5）という記述が確認できる。また、仕法の開始にともなって譲之助の指示で土木工事の人足「破畑」が動員されていることも分かる。つまり、明治二年三月七日の仕法開始の触れの中にあった人足派遣も実際に行われていることが確認できるのである。

また、No.1とは別の開発の可能性もあるが、富岡村の百姓十七名は、四月末に名主常右衛門他二人所持の林の開田に際して県から「村内一同が申し合わせて農繁期にも関わらず一軒から一人が自己負担〈村内一統申合、農繁之中も不顧手伝として軒壱人宛腰弁当〉」で仕法に従事したことは「村々の手本になること〈諸村之亀鑑〉」であるとして褒美の農具料四両一分を与えられている。富岡村が仕法に対して協力的・積極的であったことと、そのような村に対しては褒章が与えられていたことが分かる。

富岡村の仕法の成果

富岡村における仕法の成果はどの程度であったのだろうか。【表5】は、明らかになる富岡村の仕法の実績の内訳である。富岡村の仕法の成果の全容をまとめた史料はないため、全ての開発を網羅できてはいない。前項で検討した字河原の荒地二町歩の復興も入ってはいないが、大まかな傾向は分かるだろう。

富岡村の開墾仕法の特徴として、①全て田の開発であること、②畑から田への転

【表5】富岡村の仕法実績

仕法前	仕法後	種　別	面　積				自力起返面積割合
			町	反	畝	歩	
田	→田	荒田起返		4	2	10	75.9%
畑		荒畑起返田成		8	5	2	55.0%
		生畑田成	1	0	3	14	20.7%
		畑田成	2	3	1	5	0%
不明		荒地起返		2	4	3	100%
		不明		5	3	5	100%

出典：三品格一家文書102「御用留」、同家134～140「荒畑起返田成反別並賃金調書上帳」、同家310「生畑田成永方御年貢取調書上帳」、同家327「試新開田反別並賃金取調書上帳」。

換の面積が大きいこと、の二点が指摘できるだろう。また、開発面積の三二・九％が自力開発によるものであることも分かる。

また、富岡村では、当初は自力の予定だった開発が途中から仕法金を借用しての開発に変更された例も確認できる。明治四年（一八七一）、富岡村の三品平三郎は所持する林が水利の便が良かったため自力の開発を試みたが途中で開発が困難になった。そこで平三郎は、同年五月に開墾役所に仕法受け入れによる資金援助を願い出て無利息五か年賦で五両を借用している。このように仕法は状況に応じて柔軟に運用されていたのである。

以上、富岡村の仕法について検討した。富岡村の開発は、次章で検討する板荷村の様な大規模な用水堀の開削を伴うものではなかったが、物価高を背景とした小規模な田の開発需要に応えつつ、自力開発も促進しながら進んでいたと評価できるだろう。

仕法成功の背景

開墾仕法は富岡村の他にも多くの村から受け入れられた。それは、日光県の当初の予想を大きく上回るものだった。明治三年の仕法の原資は、朝鮮種人参の利益五百両と明治二年の残金二五三両二分余、そして冥加永十六両一分余だったが、仕法実施の希望が多くなったために不足してしまった。そこで日光県は、県の常備金千五百両を仕法に流用して対応している。また、明治五年（一八七二）三月に栃木県が大蔵省に日光県の仕法の継続を願い出た願書によると、明治四年（一八七一）までに仕法によって一九八町八反余が開墾されたという。

このように目論見以上に仕法が拡大した原因を県はどのように考えていたのだ

ろうか。明治三年、日光県が那須野で囚人を使った徒役開墾を計画し政府に願い出た書類の中に、開墾仕法の成功〈開墾ノ仕法モ追々盛大〉について触れた部分がある。県は、天保期（一八三〇〜一八四四）以来の風俗悪化と農村荒廃が戊辰戦争にて極致に至り、人々が「耳目一新」して「農務ニ心ヲ尽シ人々相競」う状態になったために仕法が成功したのだと説明するが、これはかなり安易な分析といわざるを得ない。

仕法の成功の要因としては、①下野国における報徳仕法の進展と、②米価高・物価高の進行の二点が考えられる。まず①については、序章で触れた通り二宮金次郎・弥太郎親子による報徳仕法が順調に拡大していたことが挙げられる。報徳仕法は日光神領外にも広がっており、こちらも前述した通り、幕領だった都賀郡板荷村では慶応二年（一八六六）から二宮門下で幕吏の吉良八郎による仕法を受入れて吉良堀と称される用水路整備が行われている。日光県の開墾仕法を村々が受け入れる素地には、金次郎以来の報徳仕法の成功があったと考えられる。

次に②については、開国以来の経済の混乱と戊辰戦争、さらには明治初年の凶作で物価高が進行していたことが明らかになっている。文久二年（一八六二）から下野国は急激な物価高であったが、特に米価が急騰していた。都賀郡助谷村《すけがい》（現・壬生町）の諸色相場を見てみよう。天保四年（一八三三）の米価の指数を百とした時、明治元年（一八六八）が八百、明治二年が七五十、明治三年が一一一一となり、強烈な米価高が見て取れる。これは同時期の〆粕の指数四〇六から四四一を大きくリードしている（阿部昭『近世村落の構造と農家経営』）。

そして、このような経済状況を受けて、天保期以降、芳賀郡では労賃収入が減少する一方、魚肥を上回る米価急騰を背景に「主穀生産への回帰」が進み、荒地起返・新田畑造成が活発化していたことも明らかになっている（平野哲也『江戸時代村社会の存立構造』）。つまり、労賃収入が減少したのに米価高が急激に進行したので、米を購入することが経済的に負担・不利になり、田の開発需要が高まっていたのである。

明治初年、戊辰戦争と凶作によって米価高が極致に至った。このような経済状況が、田の復興と新規開発の促進を目指す日光県の開墾仕法の展開を後押ししたことは疑いないだろう。前述したように都賀郡富岡村の仕法開始の願書には穀物や物価の高値といった文言も確認できる。

では、章を改めて、日光県仕法で最大の成果を挙げ、久保田譲之助の名前が残る都賀郡板荷村の久保田堀開発を見ていこう。

《コラム③》 日光県の「議会」

「広ク会議ヲ興シ万機公論ニ決スベシ」は、慶応四年（一八六八）三月に新政府が政府の基本方針として示した「五箇条の御誓文」の第一条として有名である。政府は、この理念の制度的な実現として翌明治二年（一八六九）三月に諸藩の代表者たちを集めて議論を交わす公議所を開設した。公議所は近代的な議会の嚆矢として多くの研究がある。

政府は各地の府藩県に対しても中央にならった「議事之制」を立て、「公議ヲ興シ輿論《よろん》ヲ採リ下情上達」を実現するように指示をしている。これに応じて府藩県は、それぞれ議事の制度を整備していた。

藩の議事制度については、制度上では七十以上の存在が確認されており、中には民衆が参加する例も明らかになっている。例えば、かつて著者が検討した上総国松尾藩では藩庁で定期的に「巷会」という会議が開催され、各村組合の代表者と有志が諮問に答申したり、政策提案を行ったりしていた。

その一方、直轄府県の議事制度については研究が少なく、わずかに韮山県や柏崎県、浦和県（大宮県）の事例が明らかになっているのみである。浦和県では、江戸時代に編成された村の連合である改革組合村を再編成し、組合ごとに「会所」を設置させ、定期的に会所に諮問を発して衆議の上、回答させるという形で議事制度を実施している。

では、本書の舞台である日光県はどのような議事制度を設けていたのであろうか。実は、日光県は右に挙げたような議事の制度は実施していなかったと考えられる。その代わりに、県庁の各局において議論を尽くすように指示がなされており、明治元年（一八六八）九月の「庁中規則」では毎月三日・十三日・二十三日が「議日」に指定されている（翌年八月の「庁中規則」の改正で十三日のみに変更）。

さらに明治四年（一八七一）五月には戸籍掛が「会議規則」を定めて、毎月十五日と月末に局内会議を開催して「議案」を審議する形式を整えた。この戸籍掛会議は他掛の有志も参加可能だと規定されているが、どのような事項が審議されたのかは分からない。これらが日光県なりの「公議ヲ興シ輿論ヲ採リ下情上達」するための制度なのだろう。

このように府藩県三治制期の地方の議事制度を見てみると、民衆に議事への参加を許さなかった日光県は遅れていて、県下の民衆が哀れに思えるかもしれない。しかしながら必ずしも民衆は政治に関与したがってはいなかった。前述の松尾藩の巷会は当番の欠席が頻発して自然消滅してしまっているし、大宮県の会所も県からの諮問を何度も無視して回答を催促されている。自分たちが円満に生活さえできれば馴染みない議事制度など煩わしいだけの事だったのかもしれない。

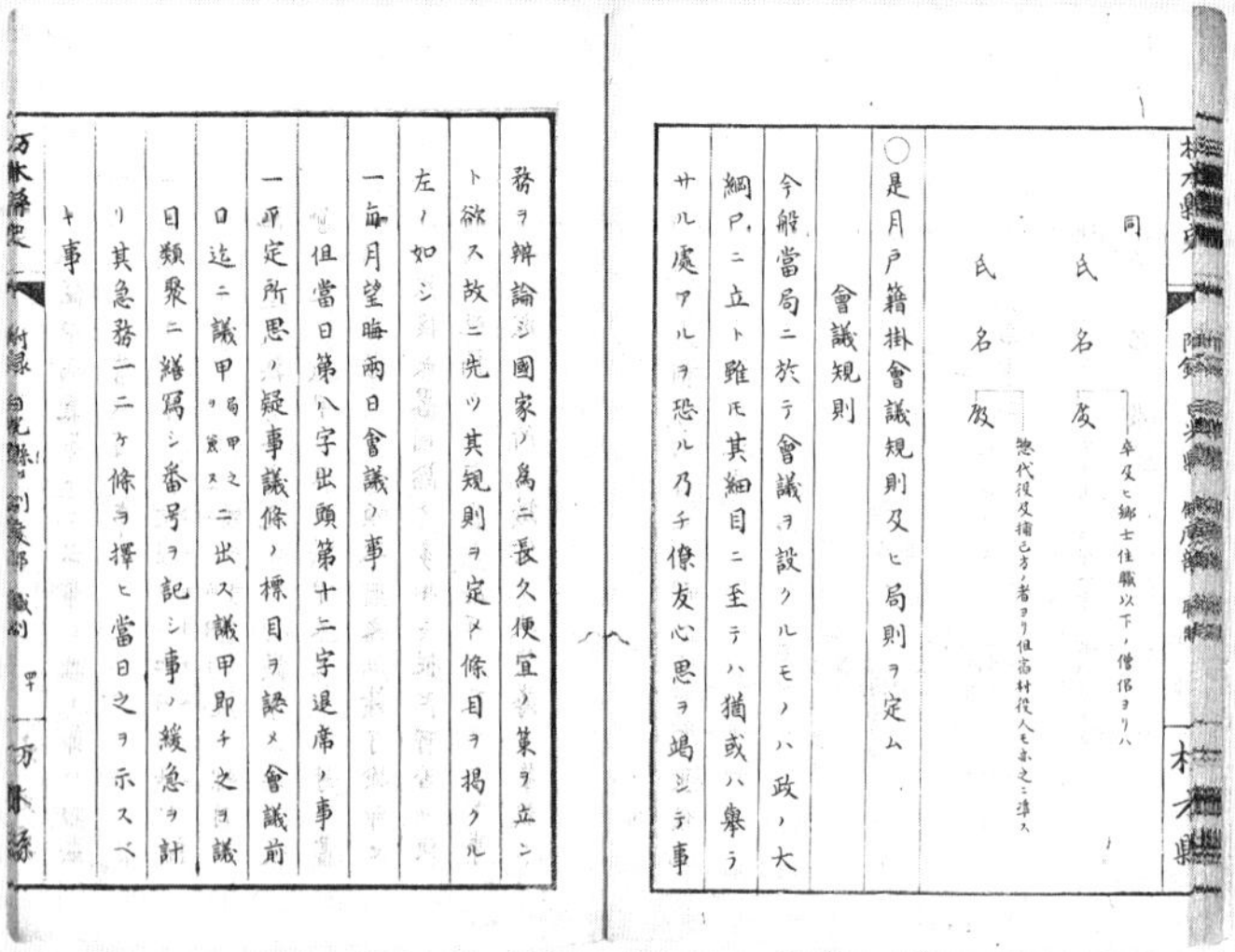
○是月戸籍掛會議規則及ヒ局則ヲ定ム

會議規則

今般當局ニ於テ會議ヲ設クルモノハ政ノ大綱戸ニ立ト雖氏其細目ニ至テハ猶或ハ衆ヲサル處アルヲ恐ル乃チ僚友心思ヲ竭シテ事務ヲ辨論シ國家ノ爲ニ長久便宜ノ策ヲ立ント欲ス故ニ先ツ其規則ヲ定メ條目ヲ掲クル左ノ如シ

一毎月望晦兩日會議ノ事

但當日第八字出頭第十二字退席ノ事

一所定所思ノ疑事議條ノ標目ヲ認メ會議前日迄ニ議甲ヘ出ス議甲即チ之ヲ議日類聚ニ謄寫シ番号ヲ記シ事ノ緩急ヲ計リ其急務ニ二ケ條ヲ擇ヒ當日之ヲ示スベキ事

戸籍掛会議規則（「栃木県史附録 日光県史 制度部職制〈明治元—4 年〉」国立公文書館所蔵）

第4章

久保田堀の開削

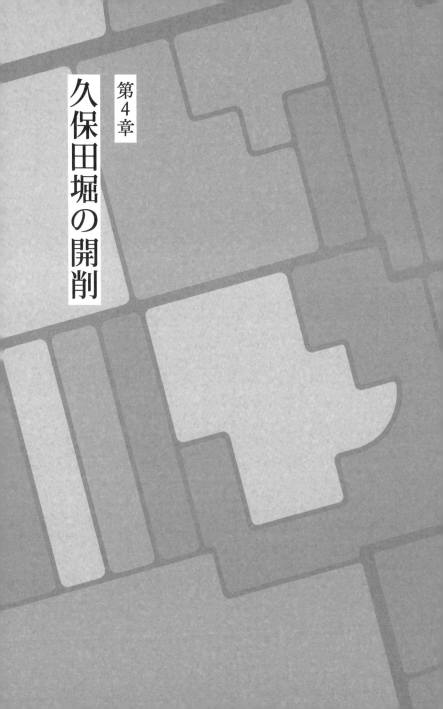

県官としての久保田譲之助

前章で触れた通り、久保田譲之助は明治二年（一八六九）三月七日の開墾仕法の開始時から仕法の担当者に任命されていた。板荷村における久保田堀開削の検討に入る前に、県官となった譲之助の足跡を追いたい。

明治二年一月、譲之助は下野国知県事役所の「三等ト吏」に任じられて官界における経歴の第一歩を踏み出す。三月には「開墾方主役」となった。三月七日、日光県村々に開墾仕法の実施を知らせる触れでは「仕法取扱の任は、久保田譲之助に申し付けた〈仕法取扱之任、久保田譲之助へ申付〉」と書かれた上で、譲之助が廻村することが予告された。この後、譲之助は廻村を始めており、三月十一日には同じく県官で開墾方の仁平和三郎と共に板荷村を訪れている。また三月二十一日には池之森村（現・鹿沼市）に出役して、開墾仕法の内容を伝えた。廻村と共に譲之助は、各地で仕法を開始しており、後述するように板荷村では久保田堀の開発が始まる。

八月二十七日、日光県で「官位改正」が行われ、譲之助は権大属になった。列伝では「明治二年日光県権大属に出仕し開墾撫恤の事に鞅掌」したとある。この「官位改正」は、明治二年七月八日に政府が中央・地方の統治体制を定めた職員令にしたがったものと考えられる。職員令では直轄県の構成員を知事・権知事を筆頭に、上位から大参事・少参事・大属・権大属・少属・権少属・史生と定めていた。

譲之助は三等下吏から権大属に任じられたわけだが、これは抜擢ともいえる措置だった。【表6】は、譲之助を含む三等下吏の職歴を示したものである。三等下吏たちの最終的な役職は、権大属が譲之助を含めて五人、少属及び准席が八人、権少属が十人、史生が四人であることが分かる。また、県全体で見ても権

久保田譲之助
（個人蔵、鹿沼市教育委員会提供）

身　分	名　前	通　称	年齢	職　歴
日光県管轄下野国都賀郡卒嶋農	倉持盛明	正作	37	三等下吏(1.7.1)→二等下吏(2.2.3)→権大属(2.8.27)
日光県管轄下野国都賀郡上久我村加蘇山神社旧神官	湯澤斐章	清記	38	三等下吏(1.9.1)→二等下吏(2.3.24)→権大属(2.8.27)
浦和県管轄武蔵国足立郡新曽村農	埴原(仁平)行忠	和三郎	25	三等下吏(1.9.3)→権大属(2.8.27)
静岡県士族	福山正敬	定之助	54	三等下吏(2.1.?)→権大属(2.8.27)
豊岡藩士族	久保田譲	譲次郎(譲之助)	23	三等下吏員(2.1.?)→権大属(2.8.27)→依願免本官(4.11.?)
日光県卒	三沼寿栄	熊吉	34	三等下吏(1.9.3)→権大属(2.8.27)→依願任少属(4.4.17)
日光県士族	村上称孝	貞治	30	三等下吏(1.9.3)→権大属(2.8.27)→依願任少属(4.4.17)
品川県管轄武蔵国豊嶋郡下大久保村農	向島広保	岸郎	35	三等下吏金穀方(1.11.4)→権大属(2.8.27)→依願任少属(4.4.17)
東京府卒	齋藤親美	額五郎	38	三等下吏(1.9.?)→二等下吏(2.3.?)→少属(2.8.27)
日光県士族	中山有応	英三郎	26	三等下吏(1.9.?)→少属(2.8.27)
日光県卒	村上成貞	嘉久弥	30	三等下吏戸口方佑(1.10.7)→少属(2.8.27)
宇都宮藩士族	川嶋政吉	欽次	28	三等下吏(1.12.2)→少属(2.8.27)
日光県管轄下野国都賀郡今市宿農	田中貞	庫吉	41	三等下吏書記(2.4.3)→権少属(2.8.27)→少属准席(4.1.25)
静岡藩士族大草嘉三二厄介	足立隆興	良平	58	三等下吏(1.11.4)→少属(2.8.27)→依願任権少属(4.4.17)
村松藩士族	長野(大須賀)維祺	樫郎	48	三等下吏(1.11.4)→少属(2.8.27)→依願任権少属(4.4.17)
東京府卒若林鉾左右厄介	若林信義	弥富	45	三等下吏金穀方(1.9.23)→少属(2.8.27)→依願任権少属(4.5.7)
八代県管轄甲斐国八代郡上黒駒村	小幡忠篤	孝平	33	三等下吏員(1.9,22)→権少属(2.8.27)
日光県管轄下野国河内郡古賀志村農	薄井知彰	賢三	30	三等下吏員(1.9,22)→権少属(2.8.27)
静岡藩士族	竹川寿蔵	録太郎	23	三等下吏(1.9.22)→権少属(2.8.27)
日光県卒	柴田光考	熊之助	34	三等下吏(1.11.3)→権少属(2.8.27)→免本官(3.5.25)
東京府卒北村広助厄介	田中利助	才吉	23	三等下吏(1.12.?)→権少属(2.8.27)
新潟県管轄越後国頸城郡春日新田農	長澤(石川)貞譲	左右一	23	三等下吏(2.1.26)→権少属(2.8.27)
東京府管轄東京牛込上中里町商	福家(柳川)昌吉	又五郎	27	三等下吏(2.4.17)→権少属(2.8.27)→免本官神奈川県出頭申付(4.2.29)
日光県管轄下野国都賀郡七ツ石村農	小倉憙信	東次郎	44	三等下吏書記佑(1.9.2)→権少属(2.8.27)→依願任史生(4.5.8)
日光県士族	柴田繁礼	喜平	40	三等下吏(1.9.11)→権少属(2.8.27)→依願任史生(4.5.8)
日光県士族	手塚信政	真一	45	三等下吏(1.9.3)→権少属(2.8.27)→依願任史生(4.6.20)
日光県卒	手塚弘信	安之助	27	三等下吏(1.9.2)→権少属(2.8.27)→免本官(3.5.25)→史生(4.8.2)

出典：「栃木県史附録 日光県史 附録 官員履歴（明治元—四年）」（国立公文書館所蔵）※年齢は明治2年（1869）時点

【表6】日光県三等下吏の職歴

大属は中高位に位置する役職だった。「日光県官員履歴」に掲載された一二七人（内二九人は職員令以前に退職）の内、「権大属并心得」は十三人で、それより上役は知事一人、大参事二人、少参事二人、大属・大属准席五人となる。開墾仕法を担当する譲之助への県の評価と期待がうかがえるだろう。

〝バクメシドコロ〟板荷村

時間を明治二年の仕法開始時に戻して、本章の主題となる板荷村の久保田堀開発について見ていこう。まず、板荷村がどのような村だったのか確認したい。板荷村は現在の鹿沼市北部に位置し、周囲を四百から七百メートルの山々に囲まれている。幕末の村高は二二三八石余で、支配は幕領（真岡代官山内源七郎支配）である。明治初年に下野知県事支配・日光県管轄となる。石高は現在の鹿沼市域の村では最大であり、南北約六km、東西約六・五kmにも及ぶ大きな村である。明治二二年（一八八九）、小来川村（現・日光市）と合併し板来《いたこ》村となるが、すぐに分村し、昭和二九年（一九五四）

に鹿沼市と合併するまで近世の村の規模のままであった。

村内は、中央部に黒川、北東部に行川《なめがわ》が流れ、川に沿って「組」と呼ぶ集落が点在している。組は、それぞれ大原・岩行《いわなめ》・唐沢・左汰野目《さたのめ》・堀之内・木曽・下板荷《したいたが》畑《ばた》・上板荷畑《かみいたがばた》・今里・長野原・大鹿島・白沢に分かれている。

村内を二つの川が流れる水資源に富んだ村ではあるが、黒川の河床と集落のある台地の比高が大きいため取水が難しかった。そのため、耕地の大部分が畑で、寛政四年(一七九二)時、田の反別三町四反七畝二十歩に対して、畑反別は二三一町九反九畝五歩であった。本書冒頭の口絵の絵図「野州都賀郡板荷村麁絵図」は、文化十一年(一八一四)の板荷村の絵図であるが、黒川沿いに灰色で描かれた畑が広がっていて、赤茶色で描かれる田がほとんどないことが分かる。また、黄色で描かれた荒地が多いことも注目できるだろう。

そのため板荷には、近世の板荷は「板荷三千石麦飯所《ばくめしどころ》」と称された貧しい村だったという伝承がある。とはいえ板荷村は朝鮮種人参と大麻を生産する村で、けっして貧しい村ではなかった。特に朝鮮種人参は、寛政十二年（一八〇〇）に幕府の人参中製法所が村内に設置されており、日光神領を中心に生産された朝鮮種人参の集積と加工の中心地となっていた。また、名主を勤めた家の一つ冨久田家では二百石の酒造を行っていた。

つまり、板荷村は、麻や人参で得た現金収入で他所から米を購入して生活していた村だった。しかし、第三章で触れたように幕末以降、米価が高騰する。そのような中、板荷村でも田を開発しようという機運が高まってくるのである。

吉良堀開削と永野原開発の不調

板荷村における大規模な田の開発は二筋の堀の開削を伴うもので、慶応二年（一八六八）に始まる吉良堀開削による村南部の永野原開発と、明治二年に始まる久保田堀開削による村中央部の原地・下原開発の二つが挙げられる。まずは久保田堀開削の前提となる吉良堀開削を見ていこう。

吉良堀（東武日光線板荷駅付近）

第一章で述べたように、譲之助が下野国に来て二宮弥太郎に入門して間もない慶応三年（一八六七）六月二十日に開削が完了した用水路が吉良堀である。「吉良堀」の名は二宮門人の吉良八郎が開発を指導したことからつけられている。吉良堀は、用水路開削が完了したものの戊辰戦争の影響で、その後に行われるはずだった永野原における耕地開発が中断していた。用水路開削から二年を経た明治二年三月十一日、開墾仕法の告知のため、日光県開墾方の久保田譲之助と仁平和三郎が板荷村に訪れた。この時、板荷村は、開墾仕法を導入した永野原開発の再開を願い出る。この願書から、当時の永野原開発の苦境を確認しよう。

そもそも幕末に行われた吉良堀開削は、板荷村の字永野原の御林七町三反五畝歩と百姓所持の荒地二四町余に水路を通してそこを耕地にするという計画だった。慶応二年八月、板荷村は、永野原の御林と荒地の開発を代官役所に願い出て、木数と代金・地代の調査をうけた。その結果、荒地の開発のみ許可が出た。許可を得た板荷村は同年から掘割を開始したが、物価高もあって千五百両もの経費が必要となり自力での開発進行が困難になった。そこで代官役所などから多額の資金を借用し、翌年に掘割が完成した。

板荷村は開発に伴う借用金の返済について、価格が高騰していた材木の売却益をあてにしていた。板荷村は、慶応二年の暮れから三年二月くらいまでの間に永野原の御林の伐採と開発の許可が得られると見込んでいたのである。実際、見込みから一年一か月遅れたものの慶応四年（一八六八）三月、板荷村は御林開発の許可を得ることができた。しかし、当時は戊辰戦争のさなかであり、江戸はもちろん近隣の村でも材木は売れなかった。その上、下野国が四月から戊辰戦争の戦場となり、村人たちが助郷役の動員に駆り出されたことも重なって麦の仕付が遅れて不作を招いてしまったのである。

このように明治二年時点における板荷村の永野原開発は、用水路は完成したものの開墾が不完全な状態で中断し、多額の借用金のみが残る状況に陥ってしまっていた。この苦境を脱するため板荷村は開墾仕法の導入を譲之助に願い出たのである。

永野原開発の再開

さて、板荷村の願書を受け取った譲之助は、四月十三日に永野原の見分を行った。そして七月、県は板荷村が代官役所に納めるはずだった永野原の御林の地代と材木の代金一五六両余を上納させた上での永野原開発の継続を決定する。十月二十二日、板荷村から県に対して代金一五六両余を上納する旨の請書が提出される。代金の上納は滞りなく行われ、永野原の御林七町余と材木は板荷村に下げ渡された。こうして開発対象である永野原の御林を手に入れた板荷村であったが、借用金の返済はかなわず自力での開墾は困難であった。結局、翌年から開墾仕法を導入して永野原の開墾は進められていく。

この永野原開発と並行して行われたのが、吉良堀よりもさらに上流部の久保田堀開削と、それに伴う字原地・下原の開発である。永野原開発が窮地に陥る中での新たな開発計画は、板荷村の仕法に対する積極的な姿勢をうかがわせるが、実は久保田堀開削は吉良堀と永野原開発の補完という性格も有していた。第二章で見た明治二年八月の「野州今市詰より御問合書写」の十一条目では、板荷村の仕法の状況についてて二宮弥太郎に対して次のように説明がなされている。

【現代語訳】

一　板荷村で吉良殿が手掛けられた場所の開田するべきかどうか四方八（二宮

門人の山中四方八）は帰国する際に（弥太郎から）示されました。しかし、久保田殿の話では用水不足のため、現在普請している用水が出来たら吉良殿の手掛けた堀に落水させれば容易に（開発）できるとのことです（後略）。

【原　文】

一　板荷村吉良子手掛ケ候場所、開田可然哉に四方八帰国之節御示之処、久保田子之話に用水不足ニ付、当時普請之用水出来候上は右吉良子手掛之堀々へ落水相成、手安く可出来由に御座候（後略）

（『二宮尊徳全集』第三十巻「野州今市詰より御問合書写」）

譲之助の言によれば永野原開発の不調の原因の一つには、吉良堀を流れる用水の不足があったということになる。板荷村は、吉良堀に新たな用水路を接続させて用水不足の解消を図りつつ、黒川のさらに上流部を開墾しようとしていたのである。

久保田堀の開削

では、永野原開発と平行して進められた久保田堀による開発を見ていこう。久保田堀開削は、明治二年三月二十六日に板荷村の百姓百人が金三百両を上納して起返願を提出したことにはじまる。

この願い出を受けた譲之助は四月十日から十三日頃まで板荷村各所の見分を実施した。さらに五月二十六日にも東京府からの帰路にあった久保田が板荷に立ち寄って取水口付近の見分を行っている。そして六月九日から用水路普請が開始された。六月二十三日、年貢納入に関する村の寄合が開かれ、その席上で久保田堀の開発が話題になっている。この際、追加で加入したい者は二十七日までに申し出ることになり、その結果、七月に四十人が願主に加わった。この普請は十月末まで続けられ、十一月一日に通水となった。完成前後の様子が分かる板荷村今里組の名主を勤めた佐次右衛門の日記を確認しよう。

【現代語訳】

（十月）二十八日、仲間総出。今里の用水の掘立掘残りを掘る。上村は原地の開発を始めた。また、新田・大日裏の方から不動尊の北東の栗木坂の南の方まで開発が始まったという。夕刻、久保田様が水元に御出役なされて水門を開いた。夜五つ時頃、自宅の遠門先に水が流れてきた。久保田様並びに世話人共はいうに及ばず、人足も付き添っており賑やかに水がやってきた。

二十九日、今里の用水堀に朝から少々の手入れをする。夜五つ時頃本宅前まで水が少々やってきた。夜になり人びとは残らず（名主の）冨久田氏のお呼び出しをうけ、知県事様からのお酒九升を五本、久保田様からのもち米一俵が下されるということを仰せ渡された。ついては、明日一日に酒が冨久田氏に届くという。その上、（久保田様より）用水堀は完成したが、（その後の田の）開発は自力で行うのか、又は頼みとあらば日光県で開発する。ついては、相談していずれにするのかすぐに申し立てるようにとのこと。一同は評議して開墾のお願いをするつもりであると申し上げたところ、（久保田様より）であるならば来月三日から開発を始めるので了解するようにと仰せ渡された。

【原　文】

廿八日、仲間惣出、今里用水掘立掘残りを掘、上村ハ原地ヲ開発始并ニ新田大日裏之方ゟ不動尊之北東栗木坂之南之方迄開発始メ候赴、夕刻久保田様水元江御出役被遊水門を開き夜五ツ時頃自宅遠門先江水参り久保田様并ニセハ人共ハ不及申、人足附添賑敷水参り申候

廿九日、今里用水堀江朝ゟ少々手入いたし夜五ツ時頃本宅前迄水少々参り夜ニ入人数之者不残富久た氏江御呼出し有之

知県事様御酒九升五本、久保田様ゟ糯米壱俵被下置候赴被仰渡、付而ハ明朔日右酒富久た氏江開可申赴、其上用水堀ハ出来候ニ付開発ハ自力ニ而起し候哉、又ハ頼与有レハ此方ニ而起し可遣、依而相談之上直様何連共可申立赴ニ

付一同評義之上開墾御頼可申赴申上候所、付而ハ来月三日ゟ開発相始メ候ニ付、可得其意赴被仰渡候

（渡辺文雄家文書「久保田譲之助様御掛ニ而荒地起返方日記」、個人蔵）

これは十月二十八日から二十九日までの記述である。二十八日に掘残りの開削が完了し、この時点で水田開発も始まっていることが分かる。さらに同日の夕刻に久保田が水門を開いていることも書かれている。二十九日の夜には久保田が滞在していた名主の冨久田家に一同が集まって知県事からの酒と譲之助からのもち米をもらっている。さらにその席上で譲之助が、堀の完成後の開墾を自力で行うのか、県の援助がいるのかを確認していることも分かる。一同は、その場で評議を行い、開墾仕法による引き続きの開墾を譲之助に伝えたところ、来月三日から取り掛かることになった。

日記には酒が届いた翌日に堀の開通祝いの催しが行われたことも書かれている。

【現代語訳】

十一月一日、朝五つ時頃から安波大杉と大原の神楽連の一同が出て、堀通りを羽賀場の関元まで進んだ。そこから下村へ堀通りを下って街道を登って冨久田氏宅まで行く。ここを地固めした後、くし餅を長門の屋根の上から投げる。終えた後、冨久田氏宅の庭で御酒が人足一同に下されたという。夜になってから世話人他、上村・下村の役人に酒と肴の馳走が出され蕎麦がふるまわれた。

【原　文】

十一月

朔日、朝五ツ時頃ゟ安波大杉・大原之神楽廉一同出、堀通を羽賀場関元迄行、夫より下村江堀通りを下り海道を登り冨久た氏江行、是を地堅メいたし、夫よりくし餅長門の屋根の上ゟ投ヶ終而右冨久タ氏之庭而御酒を人足一同江被下置候赴、夜ニ入而セハ人外上村・下村役人江酒肴之馳走を出し相済、蕎麦

振舞　（同右）

最初に登場する「安波大杉」は、アンバ様を祀る神殿形式の神輿が村内全域を回って悪疫退散・家内安全を祈る行事で、安政年間（一八五四〜一八五九）以前から板荷村で実施されている行事である。「大原の神楽連」は村内の大原組で実施されていた獅子舞のことである。共に板荷村を代表する民俗行事であり、用水堀開削が村を挙げての事業であったことがうかがえるだろう。

明治四四年（一九一一）に作成された『板荷村郷土誌』によると、譲之助は、用水堀が完成した際、堀が「永世ニ隆盛」であることを願って「万年堀」と命名したという。しかし、後に村民らは「始終大いに力を尽された〈始終大イニ尽粋セラレタル〉」久保田譲之助の徳を後世に伝えようと欲し、この堀は「久保田堀」と称されるようになる。

久保田堀の流路と成果

完成した久保田堀の流路は地図の通りである。集落のある台地と黒川の河床の比高が比較的小さい木戸ヶ沢に堰を設けて、沖積台地内に水を引き込んで、約四・一キロメートルの用水堀を通って岩下で吉良堀に合流させている。前述したようにこの工事は五か月かけて行われているが、中でも難工事だったのが、ちょうど流路の中ほどにある赤石山周辺の開削であった。

赤石山のふもとは東流してきた黒川が南に屈折する地点にあたり、河川の作用によって周囲よりも低い氾濫平野が形成されている。そのため、この地点は水の利用が容易であり、幕府の朝鮮種人参中製法所も人参の洗浄を考慮してここに設けられていた。久保田堀も自然に開削すれば、この地点で再び黒川に合流することになるが、さらに下流の水田開発や、吉良堀の用水不足解消を図ろうとしたため、氾濫平野を迂回する必要に迫られた。そこで譲之助は、赤石山に〇・五kmの隧道を通して

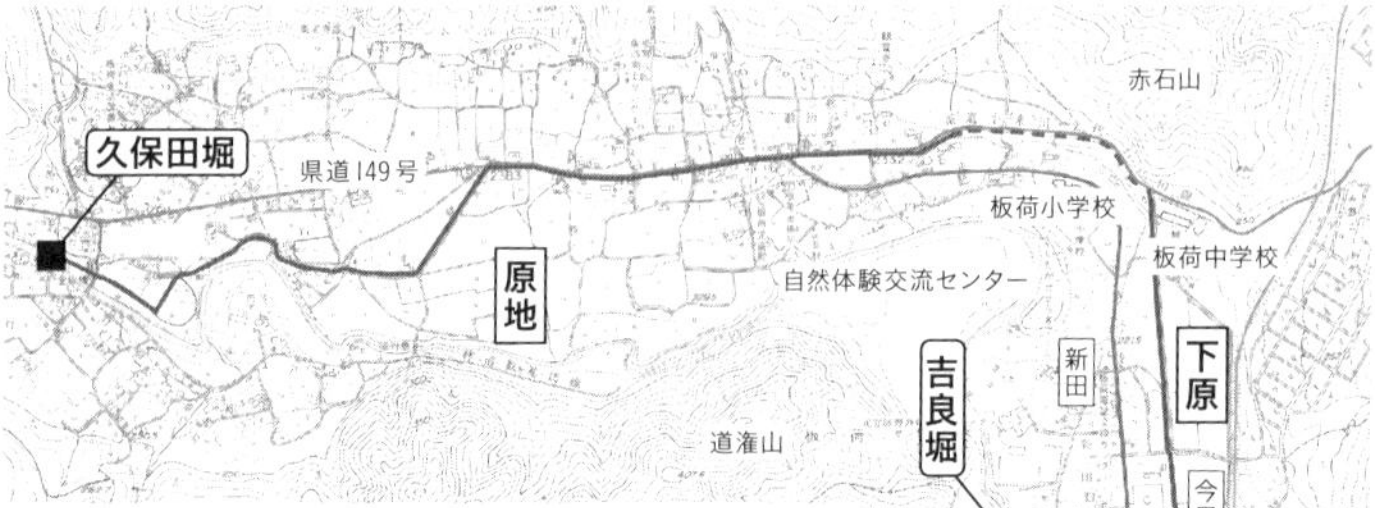
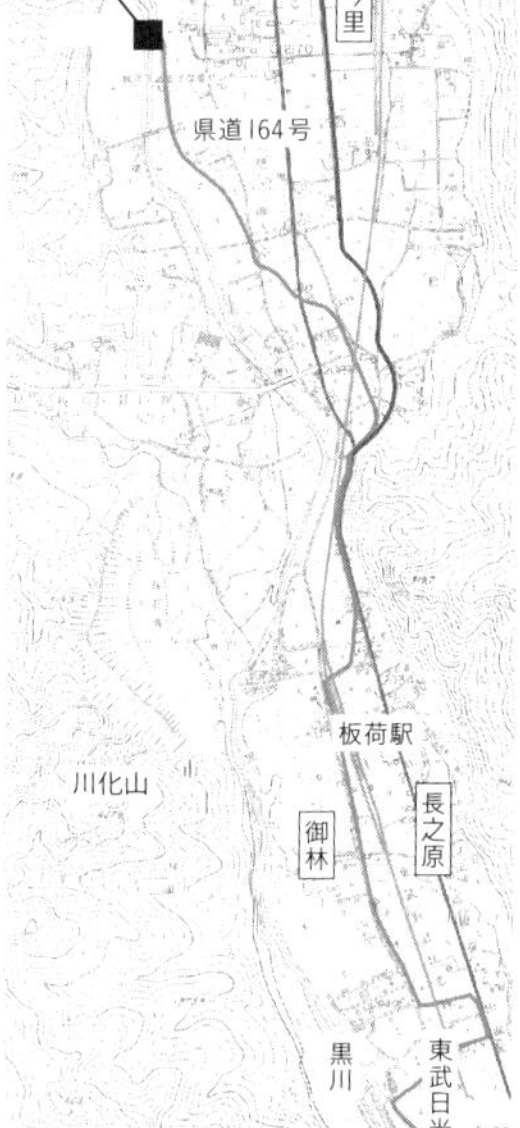

出典：久保田堀通水150年記念事業実行委員会編『二宮尊徳と久保田譲之助―最後の仕法が拓いた未来―』（鹿沼市教育委員会事務局文化課、2019年12月）より転載（川上日菜子氏作図）。

【図1】久保田堀・吉良堀 地図

いる。板荷では、譲之助が水路予定地に高提灯を立てて、対岸の道灌山から高さを計測して流路を決定したという逸話が伝わっている。なお、隧道は昭和二四年（一九四九）の今市地震によって大部分が崩落しており、現在のものは後に新造されたものである。

　久保田堀の開削後、主に開発されたのが取水口の近くに位置する原地と赤石山の隧道を抜けた直後に位置する下原の水田（一三八頁写真参照）である。佐次右衛門の日記にもあったように通水直後から開発が行われており、反別九町五畝歩余の水田が完成した。口絵01の絵図は、明治三年（一八七〇）四月に作成された原地の絵図で、水田になった三町三反余が描かれている。右上に「九番」とあるため、他にも同様の絵図が作成されたと考えられる。この絵図を見ると、①基本的に一区画は一畝六歩に区画されており、②必ずしも一人一区画という訳ではなく同一人物がいくつかの隣接した区画を所持していることが分かる。口絵02の写真は、絵図と同じ地点を撮影したもので、今も久保田堀開削時の方形の区画が残っていることが分かる。

明治三年五月、久保田堀開削後の水田開発が完了した板荷村は、諸経費の精算を行うために開墾役所へ「仕法金拝借証文」を提出した。この証文によると、県は久保田堀開削の費用九一四両一分二朱の内、人足への報奨と酒代として三七両一分を板荷村に与えている。さらに原地・下原の開墾費用五四三両三分余については、内二七一両二分を一反に付三両の割合で「起返賃」として算出して板荷村に与えた。

鹿沼市板荷下原の田園（中央が久保田堀、鹿沼市教育委員会提供）

そして堀開削費用と開墾費用の残金の合計一一四九両余は県が一時的に立て替えて、無利息十か年賦で板荷村が返済することになった。

以上の様に板荷村は、開墾仕法を導入することで、幕末の混乱で中断してしまった吉良八郎による仕法の再開・補完を行いつつ、新たに県から多額の資金を得て新規の用水路開削及び大規模な田地の開発を実施したのである。

都賀郡の民政担当者

久保田堀が完成した頃から譲之助は、開墾仕法の担当者というよりも都賀郡全体の民政担当者に立場が変わっていく。前章でみたように明治二年八月二十七日に譲之助は権大属に抜擢されている。権大属となった譲之助の名前は、徐々に仕法以外の布達にも見られるようになっていく。

例えば、明治二年十月十二日、譲之助は県による麻の専売構想をめぐって動揺していた鹿沼宿（現・鹿沼市）及び周辺村々に対して混乱を鎮めるように指示を出している。十二月二日には、来春から行う救荒政策の見分のための廻村を開始することを予告した。譲之助は、これらの職務に従事しつつも開墾仕法は継続して担当した。前章で見たように明治三年三月から五月にかけては都賀郡富岡村での開墾仕法の出願や見分などで名前が確認できるし、〈コラム④〉で取り上げるように口粟野村（現・鹿沼市）の用水路開発なども行ったと伝えられている。

次に譲之助の立場が変わるのは、明治三年六月二十一日のことである。この日、日光県庁は板橋宿他十四か村に対して「この度、久保田権大属をその村々の戸籍掛に申し付けたので民情視察のために常々廻村〈今般久保田権大属其村々戸籍掛申付下情親察之為常々廻村〉」すると通告している。ここでいう戸籍掛とは、都賀郡の戸籍掛のことである。以降の譲之助は、都賀郡の戸籍掛として戸籍編成に従事しつつ、備荒貯蓄（三年七月二十八日・九月他）、倹約説諭（三年七月二十八日）、知県事の検見同行（十月八日他）、博打禁止（三年十二月五日）、浮浪取締（三年十二月六日）、神社取調（三年十一月二十二日）といった布達にも名前が登場するようになる。

このように譲之助の職務は都賀郡の民政全般に拡大していたのであるが、その中でも明治三年の知県事による検見に同行していることは注目される。というのも第二章で見た明治二年の日光県の貢租改革の際、開墾役所は検見の実施に反対していたからである。譲之助は二宮門人としてよりも日光県の官員としての立場を強めていたのかもしれない。

譲之助が戸籍掛として活動する一方、富岡村の仕法は「日光県開墾局御出役」として相馬の二宮弥太郎の下から日光県に送り込まれた伊東卯三郎が担当するようになっている。明治三年閏十月七日の日光県開墾方の廻村では、同じく二宮門人の山中四方八と伊東両名の名前で板橋宿・文挾宿・富岡村・古賀志村に予告がされている。翌十一月の開墾御用の廻村も今市宿・板橋宿・文挾宿・富岡村にやはり二宮門人の新谷源次郎の名で予告されるなど開墾仕法から譲之助の名前は見えなくなる。

日光県廃県と譲之助

明治四年（一八七一）七月、廃藩置県が行われた。各地の藩は廃されて県になり、全国は三府三百二県になった。下野国は、本庁を置く壬生・吹上・佐野・足利・宇都宮・烏山・黒羽・大田原・茂木の九藩が県となる。なお、この段階ではいまだに飛地が整理されずに残っていたため、佐倉県（下総国）や六浦県（武蔵国）、秋田県（出羽国）などの二十県も下野国内に存在した。

同年十一月、全国で府県の廃置分合が行われて三府七二県に整理された。下野国でも日光県をはじめとした県が廃されて、足利郡・梁田郡・寒川郡・安蘇郡・都賀郡及び、上野国山田郡・邑楽郡・新田郡（現・群馬県）に県庁を栃木に置く栃木県が成立した。管轄する村の石高の合計は五二万石余と日光県と比べて拡大した。なお、この時成立した栃木県については以降、「第一次栃木県」と表記する。第一次栃木県の管轄にならなかった下野国の残りの郡、すなわち河内郡・芳賀郡・塩谷郡・那須郡は、宇都宮に県庁を置く宇都宮県の管轄となった。こちらも宇都宮藩が廃藩置県後に称した「宇都宮県」と区別するため、以降「第二次宇都宮県」とする。この二つの県は、明治六年（一八七三）六月十五日に宇都宮県が廃される形で栃木県と合併した。この栃木県が現在の栃木県の直接の源流ということになる。以下、「第二次栃木県」としよう。

さて、この間の久保田譲之助の動向を確認したい。譲之助は日光県の廃県直前の明治四年十一月七日に日光県官の職を辞していた。辞職に際して譲之助は日光県から在職中の働きを称賛され、金三十円と絹一疋（二反）を下賜されている。この辞職について「列伝」では「病の為めに辞し」と病気が理由だったとしている。しかし、翌年一月八日には「久保田譲二郎」の名で慶應義塾に弟の久保田貫一郎と共に入塾しているため、本当の理由とは考えにくい（福澤研究センター編『慶應義塾入社帳』第一巻）。

譲之助は入塾に際して、旧豊岡藩士で慶應義塾に学び、そのまま教師を勤めていた一歳年下の村尾真一を証人にしている。また、同じく旧豊岡藩士で村尾と同年の吉村寅太郎も同塾の出身者で、やはり慶應義塾の教師をしていた。慶應義塾は上京した豊岡藩士の拠点の一つになっていたことが指摘されている（吉家定夫「豊岡藩と慶應義塾」）。譲之助も旧豊岡藩における人的なつながりを頼って新たなキャリアの形成を図ろうとしたのかもしれない。

そして入塾から一年もたたない明治五年（一八七二）八月五日、久保田譲二郎改め久保田譲は、文部省十二等出仕に任命される。文部省にもやはり旧豊岡藩士で慶應義塾に学び、後に文部大臣となる浜尾新が先んじて明治五年四月に十一等出仕として登用されていた。また、二宮門下の兄弟子で慶応三年（一八六七）十月に豊岡に帰郷した岡左右之助も岡毅の名で、明治初年に文部省に出仕していた（『豊岡誌』）。慶應義塾入塾と同様に、ここでも旧豊岡藩の人脈がうかがわれる。

こうして下野国から去った譲之助は文部官僚としてのキャリアを歩み始めることになるのである。

口粟野久保田堀の取水堰

《コラム④》もうひとつの久保田堀

第四章では現在の鹿沼市板荷の久保田堀の開削について検討したが、鹿沼市にはもうひとつ「久保田堀」と呼ばれる用水路が存在し、やはり鹿沼市の小学校の社会科副読本『わたしたちの鹿沼市』で紹介されている。

板荷村の久保田堀が完成した翌年の明治三年（一八七〇）二月、都賀郡口粟野村は日光県に用水路開削を願い出た。七か年無利子の資金援助を受けた口粟野村は、久保田譲之助の指導の下、同村の字岡に堰を設けて長さ千九百間（三・四五キロメートル）の用水路を

口粟野久保田堀をめぐる小学生（鹿沼市教育委員会提供）

開削した。この結果、数十町歩の荒地が田となり、さらに水路には用水を用いる水車も設けられて、特産品だった線香の生産にも役立てられたという。

口粟野には、同村の久保田堀開削に際しての譲之助の人柄と振る舞いが伝わっている。それによると譲之助は強固な意志を持ち、心が清らかで私欲がなかったという。また、村々に視察に訪れた際も決して接待を受けることはなく、食事に一汁一菜以外のものが出されても箸をつけなかったという。

口粟野の久保田堀は、昭和四四年（一九六九）の耕地整理によって大部分がかつての姿を失った。しかし、久保田堀の水は現在でも口粟野に豊かな実りをもたらしている。

終章

仕法の終焉とその後

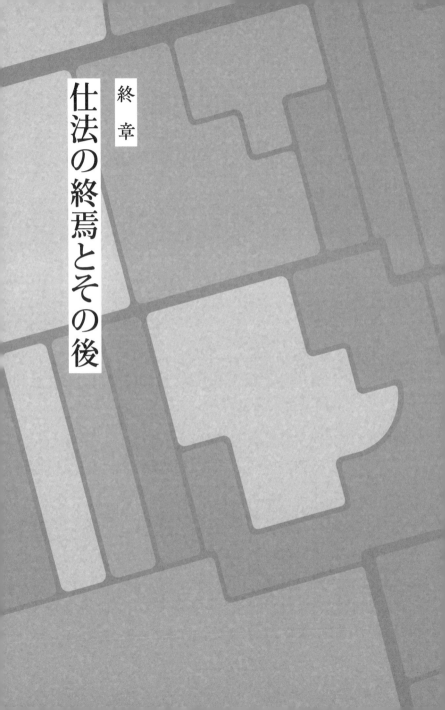

栃木県の開墾仕法

日光県が廃県となり、第一次栃木県が成立して以降も開墾仕法は継続していた。明治四年（一八七一）十二月、相馬にいた二宮弥太郎は、日光県が行っていた開墾仕法の継続と、日光神領仕法で村々に貸し付けていた三八五八両の活用を第一次栃木県に願い出ている（『いまいち市史』史料編近世Ⅶ）。弥太郎は、父金次郎以来の仕法が「朝廷御採用」になったことに感謝しつつ、万一、栃木県で仕法を行わない場合は、貸付金を返還してもらい、別の場所で仕法を行いたいと願い出た。しかし、弥太郎は、この月に相馬で没した。

この弥太郎の願い出がどの程度、影響を及ぼしたのかは分からないが、明治五年（一八七二）三月三日、第一次栃木県から大蔵省へ仕法の継続願が出された。県は、明治四年までに日光県の開墾仕法によって百九十八町八反余が開墾されており「事実上下之幸福」であるので「当県においても引き続き施行したい〈当県ニ於テモ引続施行仕度〉」と説明している。この願書に対して大蔵省は、明治五年四月十七日に許可を出し、仕法は継続されることになった。

さて、大蔵省の許可を得た第一次栃木県は同年八月八日、新たに編入されていた上野国邑楽《おうら》郡村々へ対して、開墾仕法は「規模が大きく一斉に実施することは難しい〈手広之儀ニ而一時ニ行届兼〉」として、「最初に都賀郡一郡で施行する〈先ツ都賀一郡エ施行〉」と布達した。日光県の開墾仕法では対象になっていた河内郡が除外されているのは、前述の通り河内郡が第二次宇都宮県の管轄下になっていたためである。なお、都賀郡以外は日光県の仕法と同様に自力開発した分を鍬下年季とすることになっていた。その内容は日光県が都賀・河内二郡以外で実施した仕法内容とおおよそ変わっていないが、①冥加免除の時期が四年に短縮、②田は五から八年目「米壱斗位」上納、九から十五年目は「二斗ツ、」冥加を上納、④畑は五から十五年目「畑税永十分之七」冥加を上納、といった変更がなされている。

しかし、翌明治六年（一八七三）に朝鮮種人参の専売が廃止され、その利益の一部から県に移管されていた年五百円の仕法資金もなくなってしまった。もっとも、仕法による開発地からは毎年、多額の「冥加米金」が納められるようになっていたため、仕法の継続には問題がなかった。この頃、第一次栃木県と第二次宇都宮県が合併して第二次栃木県が成立するなど管轄が変わったが、仕法は「機運が高まって開拓もさらに進み盛大となることが期待される〈人気益開拓相進ミ盛大ヲ期ス〉」段階になっていた。ところが明治八年(一八七五)に仕法は中断を余儀なくされる。その理由は「地券御発行」であった。

仕法中断と那須野が原開拓

第二次栃木県が仕法を中断する理由になった「地券御発行」とは、壬申地券の発行と、その後の地租改正事業を指す。明治五年二月、政府は土地の所有を認め、それを証明する証券として地券を発行した。この地券は発行の年の干支から壬申地券と呼ばれる。明治六年七月からは地租改正条例に基づいて新たな地券(改正地券)

を交付し、それまでの年貢に代わって地価の百分の三（明治十年から百分の二・五）の新税が課せられることになった。

第一次栃木県では、明治六年六月に一部を除いて壬申地券の発行を完了していた。一方、第二次宇都宮県は壬申地券発行を完了できないまま、明治六年七月の地租改正条例の公布を迎えてしまった。第一次栃木県・第二次宇都宮県を合併して新たに成立した栃木県は、第二次宇都宮県管下だった村々の壬申地券発行を継続し、地租改正事業が始まるのは明治八年十月からとなった。

さて、栃木県は仕法の中断の理由として、「地券御発行」によって冥加の取り扱いが問題になり、明治八年に「冥加米金収入」が廃止されたためと説明する。壬申地券の発行後と地租改正後において仕法地がどのように取り扱われたのかについては不明な点が多いが、鍬下年季中、貢租の代わりに冥加を集めて政府に把握されていない県の別会計に蓄積するという在り方が問題であることは容易に想像できるだろう。

仕法の中断を余儀なくされた栃木県は、残った仕法金について政府へ伺いを出さずに「開産仕法金」と改めて「物産起業資本等」に貸与し、さらに「那須原開拓資金等」として活用することにした（「旧日光県開産仕法金処分方栃木県令へ委任ノ件」国立公文書館蔵）。仕法金の転用先の一つとして提示される「那須原開拓」とは那珂川と箒川とに囲まれた四三六平方キロメートルの那須野が原の開拓事業のことを指す。以下、『栃木県史』の成果をもとに那須野が原開拓の概要を確認したい。

那須野が原は近世には近隣農村の入会秣場で落葉・採草給源となっていた。幕末には開拓が試みられるが水利条件の悪さから順調には進まず、明治政府が成立すると那須野が原は官有地に編入される。明治七年（一八七四）、政府が牧畜の振興を図る目的で各地の荒蕪地の調査を始めると那須野が原もその対象となった。明治十一年（一八七八）、栃木県は政府からの援助をうけて県営の那須牧場を設立した。さらに明治十三年（一八八〇）以降、那須野が原の官有地は、大山巌・西郷従道・青木周蔵、後の栃木県令三島通庸といった明治政府の高級官僚たちに貸下げられるようになり、彼らの主導で開発が進展することになる。

那須野が原開拓は、政府の進める殖産興業政策や、秩禄処分で収入を失った士族たちに対する授産事業という時代の要請に応える形で進められた。当然、大規模な開発には多額の予算が必要となる。栃木県にとって、継続が困難になった開墾仕法改め開産仕法の残金を投下する格好の事業だったのだろう。

開産仕法金の発覚

このように開墾仕法の残金は、「開産仕法金」と名を変えて政府に無断で県の別会計として残り続けた。そして、明治十四年（一八八一）一月二十九日、栃木県は政府に対して、開産仕法金金三二六二円十一銭一厘の存在を明かし、そのまま県に委託してもらって那須野が原の開拓に流用したいと願い出た。次の史料は栃木県の伺いに対する政府内の検討内容である。

【現代語訳】

別紙の内務省伺、栃木県へ開産資本金をそのまま委託することについて吟味するに、この委託すべきという三二六二円十一銭一厘の金額は開墾地の冥加米であり、ほとんど貢租と同様のものではある。しかし、旧（日光）県の時に荒蕪地の開墾の方法を設けて当時の政府の手続きを経た上で、官製人参の利益金をもって開墾の資本として段々と開拓の成功に従って地券税の発行以前に収入したものについては、普通貢租又は官地拝借料と同様とはみなすことができないところもある。特に同（栃木）県地方の那須原等の開墾は事業すこぶる重大にして、どうしても将来は幾分かの国の補助が必要になるので、今これ（開産仕法金）を国庫に納めず、あらかじめ右（那須野が原）の開墾の資本として地方官に御委任することは一挙両得と思考する。そのため、伺の通りお聞き届けしてはどうか。会計部と合議の上、決裁を仰ぐものである。

【原　文】

別紙内務省伺、栃木県へ開産資本金其侭委託之儀ヲ審按スルニ、右委託スヘキ三千弐百六拾弐円拾壱銭壱厘ノ金額ハ開墾地ノ冥加米ニシテ殆ント貢租ニ斉シキモノニハ候得共、旧県中荒蕪地開墾ノ方法ヲ設ケ当時処分法経伺ノ上、官製人参ノ利益金ヲ以テ開墾ノ資本トナシ漸次開拓ノ成功ニ従ヒ地券税発行以前ニ収入スルモノニ係リ候得ハ、普通貢租又ハ官地拝借料トモ同視難致処モ有之、殊ニ同県地方那須原等ノ開墾ハ事業頗ル重大ニシテ到底将来幾分歟官ノ補助ヲ要スヘキ儀ニ付、今之ヲ国庫ニ納メス予メ右等開墾ノ資本トシテ地方官ニ御委任相成候方一挙両得ト思考致候間、伺ノ通御聞届相成可然哉、会計部合議ノ上仰高裁候也

（「旧日光県開産仕法金処分方栃木県令へ委任ノ件」国立公文書館蔵）

ここで政府は、「貢租」同前の「冥加米」を元にして蓄積された仕法金をそのま

ま県に委任することを問題視しているが、「地券税発行」前に徴収されたもので「普通貢租」や「官地拝借料」とも言い難いという認識を示す。その上で那須が原開墾はすこぶる重大な事業であり、いずれは国庫から補助金を出す必要があるので、開産仕法金を国庫に引き揚げずに、そのまま県へ委任することは「一挙両得」であると提案しているのである。結果、同年八月二日、仕法金は栃木県へ委任されることになった。

このように日光県の開墾仕法は、廃県後も成果を評価されて栃木県において継続されていた。仕法は租税制度の改革によって中断を余儀なくされるが、蓄積された仕法金は紆余曲折を経て、当時の栃木県にとって重大事業であった那須野が原の開拓資金として活用されることになったのである。

教育議政界の花形

栃木県が開墾仕法の継続をめぐって政府と折衝をしていた頃、久保田譲之助改め久保田譲は文部省で順調に新たなキャリアを築いていた。下野国を去った後の譲の経歴は本書の本旨から外れるため簡単に確認しよう。

入省後の譲は、広島師範学校長（明治七年二月）や教育博物館長・教育令取調委員（明治十年七月）、地方学務局副長（明治十三年一月）、普通学務局副長（明治十四年十月）、会計局長（明治十八年二月）、小学校条例取調委員（明治十八年七月）などを歴任し、明治二二年（一八八九）十一月からは欧米諸国へ学校制度の視察のため派遣された。翌年十月に帰国した後も要職を歴任し、明治二五年（一八九二）十一月二十四日、満四五歳で文部次官に就任する。翌二六年（一八九三）三月に退官すると、二七年（一八九四）一月に貴族院議員に任ぜられ、学制改革論を掲げて活躍するようなる。そして、明治三六年（一九〇三）九月二十二日、第一次桂太郎内閣に文部大臣として入閣し、第一章冒頭で触れた日露講和をめぐる戸水事件の当事者の一人となるのである。

文部大臣としての久保田譲については、第一章冒頭で藤原喜代蔵が『人物評論学界の賢人愚人』において酷評していることを紹介した。ただし、就任直後の教育関係者の間では、久保田歓迎論もあった。就任翌月の『教育界』第二巻第十二号の巻頭記事は「社評　久保田新文相を歓迎す」と題し、久保田の文部大臣就任を「慶事」と評し、これまでの文部大臣とは違って久保田は「適当なる人物」で、「教育行政に精通し又頗《すこぶ》る事務の才」があり、「教育と社会事情との権衡調和に重きを置ける人」と期待を寄せている。また、前述の藤原も文部官僚・教育家としての久保田譲は評価している。久保田譲之助の歩みを見てきた最後に同時代を生きた教育史研究者の久保田譲評を紹介しよう。

藤原は、久保田譲が「学歴の貧弱」というハンデにも関わらず明治教育界で頭角をあらわしたことを「人一倍の自学自修と不断猛進奮闘」によるもので「立志伝中の光彩ある物」とする。また、譲の唱えた学制改革論についても「着眼概して穏健にして、所説概して実際的なり。其意見は徹頭徹尾事務的にして一点の空想を雑《まじ》へず、政略を混せず、哲学上の主義を加へざるなり。経綸的高遠の理想には乏しと雖《いえど》も、時代の要求を洞察したる実際的計画たるの真価は之を有す。」と評価し、その証拠に大正二年（一九一三）当時の教育制度が譲の唱えた改革案とほぼ同一のものになっていることを指摘している。藤原は久保田譲を「教育事務家の大成したる巨人」であるが故に「国家政務の全体より打算して教育百年の長計」を立てることはできなかったが「卓越なる文政の監督者にして、教育議政界の花形」と言っても過言ではないと称賛する。

久保田堀五十年祭と「久保田神社」

板荷村では、吉良堀と久保田堀の開削後も田の開発が進められていた。明治四四年（一九一一）時には、板荷村の田の面積は、九十町五反三畝にまで拡大し、現在見られる水田の広がる風景が生まれた。前述したように板荷村では日光県開墾仕法で作られた堀を「久保田堀」と呼んで、開削を指導した久保田譲之助は崇敬の対象となっていた。

大正七年（一九一八）十一月、板荷村で久保田堀の開削五十年を祝って祭典が催された。この時、村民を代表して渡辺茂一郎・福田庄三郎が久保田堀の水で実ったもち米を持って上京した。当時、男爵に叙されて枢密顧問官を務めていた久保田譲に面会するためである。譲は満七二歳になっていた。

十一月二十九日午後七時に上野駅に着いた渡辺らは一泊した後、小石川金富町にあった久保田邸を訪ねた。しかし、譲は不在だったため、もち米を呈上して宿泊先に戻った。翌十二月一日、再び渡辺らは久保田邸を訪問し、譲本人に面会することができた。渡辺らは、久保田堰水利組合会議員を代表して、譲に対してその恩徳に報いるため謹製したもち米を献上する旨を記した「献納書」を渡した。茂一郎の日記には、譲の反応について「大ニ喜ハレタリ」と書かれている。

現在、板荷にはこの面会の際、板荷村に譲を祀る久保田神社を創建する提案をしたが、譲が辞退したという逸話が残っている。したがって現在、板荷には「久保田神社」なる神社は存在していない。しかし、板荷の総鎮守ともいうべき日枝神社の拝殿の正面には「権大属久保田譲之助先生」の肖像画が掲げられている。日枝神社の肖像画は「久保田神社」の代わりなのかもしれない。

日枝神社拝殿に掲げられた久保田譲之助肖像

あとがき

本書は、第十回随想舎歴文出版奨励賞を頂戴し、出版されたものである。まず、このような貴重な機会を頂いた随想舎並びに栃木県歴史文化研究会の皆様に御礼申し上げたい。

本書の元となった拙稿については次の通りである。

・「直轄県における開墾仕法—日光県を事例に—」（下野近世史研究会編『近世下野の生業・文化と領主支配』岩田書院、二〇一八年七月）

・「日光県開墾仕法の展開—都賀郡富岡村・板橋村の事例を中心に—」（『報徳学』十七号、国際二宮尊徳思想学会、二〇二三年四月所載）

・「日光県の開墾仕法と久保田譲之助」（『鹿沼史林』第六十二号、鹿沼史談会、二〇二三年四月）

・「直轄県の貢租改革―日光県の検見・安石代・畑方米納―」（近代租税史研究会編『近代日本の租税と社会』有志舎、二〇二四年刊行予定）

さらにコラム②「県の「議会」」は、「明治初年における藩の議事制度―上総国柴山藩の会議所巷会を事例に―」（『地方史研究』六十四巻二号、二〇一四年四月）と「直轄県における議事制度―浦和県御用会所組合を事例に―」（『立正史学』百二十六号、二〇一九年九月）が元になっている。

本書は一般書ということもあって逐一、資料や文献の出典を示さなかったので不明な点等があれば、これらの拙稿をご覧いただきたい。さらに言うまでもなく、本書は多くの先学諸氏の業績に学びながら執筆した。二宮尊徳や報徳仕法について興味を持たれた方は、ぜひ巻末の参考文献にあたっていただきたい。

また、右の拙稿に加えて「はじめに」でも述べた通り、筆者が勤務先で担当した企画展のパンフレットである久保田堀通水一五〇年記念事業実行委員会編『二宮尊徳と久保田譲之助―最後の仕法が拓いた未来―』（鹿沼市教育委員会事務局文化課、二〇一九年十二月）も本書の元になっている。この企画展開催に際しては、史料所蔵者の方々に史料提供はもちろん貴重なお話をお聞かせ頂き、二宮金次郎や久保田譲之助の業績が、いまなお地域で大切に語りつがれていることを実感できた。ご協力頂いた皆様に深く御礼申し上げる。また、この企画展に限らず、勤務先の鹿沼市教育委員会事務局文化課の方々には日頃から大変お世話になっている。文化課の温かく穏やかな皆さんにはいつも助けられてばかりである。この場を借りて御礼申し上げたい。

正直、本書の内容で、これまで出版奨励賞を受賞した諸先輩方の著作と肩を並べられたとは到底思えない。不十分な点も多いと思われるし、卒業論文以来、取り組んでいる府藩県三治制研究も十分にまとめられていない中で出版することにはためらいもあった。しかし、文化財を未来に継承するためには、多くの方々に文化財の価値について知って頂くことが必要不可欠であると鹿沼市に奉職する中で実感したため、これまであちこちで掲載させて頂いた日光県の開墾仕法や久保田譲之助について、一般向けにまとめようと考えた次第である。

地域には今なお多くの文化財が残っていて、それらは私たちが考えている以上に魅力的な歴史を今に伝えている。本書が、読者の方々が郷土の歴史や文化財に関心を持つきっかけになれば幸いである。

最後に、本書の出版にあたり、栃木県歴史文化研究会前常任委員長の江田郁夫氏と随想舎社長の下田太郎氏には大変お世話になった。深く御礼申し上げる。

二〇二四年六月吉日

堀野　周平

参考文献

足利市史編さん委員会編『近代足利市史』第一巻、（足利市、一九七七年三月）
阿部昭『近世村落の構造と農家経営』（文献出版、一九八八年四月）
同『二宮尊徳と桜町仕法』（随想舎、二〇一七年七月）
荒川将「直轄県における統治と『公論』―柏崎県郡中議事者制の形成過程を事例として―」（『地方史研究』七十巻四号、二〇二〇年八月）
飯森富夫「『二宮尊徳全集』に見る戊辰戦争」（国際二宮尊徳思想学会編『報徳学』第十五号、二〇一八年十二月所載）
伊故海貴則『明治維新と〈公議〉―議会・多数決・一致―』（吉川弘文館、二〇二三年一月）
石井岩夫「明治初期伊豆国衆議機関について」（『地方史研究』九十六号、一九六八年十二月）
石川健「（史料紹介）日光県における協救社の養豚奨励」（『栃木県立文書館研究紀要』第二十一号、二〇一七年三月）
伊ヶ崎暁生『大学の自治の歴史』（新日本出版社、一九六五年十月）
今市市史編さん委員会編『いまいち市史』通史編・別編Ⅰ（今市市、一九八〇年三月）
同『いまいち市史』史料編・近世Ⅶ（今市市、二〇〇〇年三月）

大嶽浩良『下野の明治維新』（下野新聞社、二〇一四年十二月）
大藤修『二宮尊徳』（吉川弘文館、二〇一五年五月）
奥田晴樹『明治維新と府県制度の成立』（角川文化振興財団、二〇一八年十二月）
尾島利雄・柏村祐司『鹿沼の獅子舞』（鹿沼市教育委員会、一九七四年二月）
鹿沼市板荷久保田堰土地改良区編『久保田堀百年祭の概要』（一九七三年四月）
鹿沼市教育委員会編『わたしたちの鹿沼市』四年（鹿沼市、二〇二〇年四月）
鹿沼市史編さん委員会編『鹿沼市史』資料編近世一（鹿沼市、二〇〇〇年三月）
同『鹿沼の絵図・地図』（鹿沼市、二〇〇五年三月）
同『鹿沼市史』通史編近世（鹿沼市、二〇〇六年三月）
同『鹿沼市史』通史編近現代（鹿沼市、二〇〇六年三月）
鹿沼市誌料刊行会編『鹿沼市旧町村郷土誌集成』上（鹿沼市誌料刊行会、一九八六年十月）
鹿沼市教育委員会事務局生涯学習課編『鹿沼市の文化財―文化の再発見と心の継承―』（鹿沼市教育委員会、一九九五年二月）
川上日菜子「神に近づいた男・久保田譲之助」（『広報かぬま』二〇一九年十二月号〈鹿沼市、二〇一九年十一月〉）
久保田堀通水一五〇年記念事業実行委員会編『二宮尊徳と久保田譲之助―最後の仕法が拓いた未来―』（鹿沼市教育委員会事務局文化課、二〇一九年十二月）

熊田一『野州一国御用作朝鮮種人参の歴史』（熊田一先生著作頒布会、一九七九年五月）
佐々井信太郎等編『二宮尊徳全集』第二十九巻（二宮尊徳偉業宣揚会、一九三〇年九月）、一九七七年十一月に龍渓書舎より刊行された復刻版を参照
同『二宮尊徳全集』第三十巻（二宮尊徳偉業宣揚会、一九三〇年十二月）、一九七七年十一月に龍渓書舎より刊行された復刻版を参照
同『二宮尊徳全集』第三十三巻（二宮尊徳偉業宣揚会、一九三一年六月）、一九七七年十二月に龍渓書舎より刊行された復刻版を参照
佐藤治由「報徳仕法の継承者―久保田周助・譲之助親子の業績―」（『鹿沼史林』第四十号、二〇〇〇年十二月）
柴田宜久『明治維新と日光―戊辰戦争そして日光県の誕生』（随想社、二〇〇五年八月）
曾根松太郎編『教育界』第二巻第十二号（金港堂書籍株式会社、一九〇三年十月）
太政官修史館編『明治史要』第一編（博聞社、一八七六～一八八三年）、国立国会図書館デジタルコレクションを参照
髙山慶子「栃木県官吏仲田信亮の旧江戸町名主馬込惟長宛書簡―大谷石などの栃木県産石材をめぐって―」（『宇都宮大学教育学部研究紀要』第六十六号第一部、二〇一六年三月）
竹末広美「日光県下の郷宿」（『鹿沼史林』三十三号、一九九三年十二月）

田村右品記録「明治の鹿沼を語る会（第七回）記録」（『鹿沼史林』第二十四号、一九八五年三月）
栃木県史編さん委員会編『栃木県史』史料編近現代一（栃木県、一九七六年三月）
同『栃木県史』通史編六近現代一（栃木県、一九八二年八月）
栃木県立博物館編『二宮尊徳と報徳仕法』（栃木県立博物館、一九九六年四月）
豊岡市史編集委員会編『豊岡市史』上巻（豊岡市、一九八一年三月）
内務省図書局編『地方沿革略譜』（内務省図書局、一八八二年）、一九六三年十月に柏書房より刊行された復刻版を参照
仲沢隼「朝鮮種人参生産の展開と御用作人」（下野近世史研究会編『近世下野の生業・文化と領主支配』岩田書院、二〇一八年七月）
日光市歴史民俗資料館編『岩崎森山家文書　御用留』（日光市歴史民俗資料館、二〇一九年三月）
早田旅人『報徳仕法と近世社会』（岩田書院、二〇一四年七月）
平野哲也『江戸時代村社会の存立構造』（御茶の水書房、二〇〇四年十二月）
同「江戸時代における百姓生業の多様性・柔軟性と村社会」（荒武賢一朗・太田光俊・木下光生編『日本史学のフロンティア2　列島の社会を問い直す』法政大学出版局、二〇一五年二月）
兵庫県城崎郡豊岡町編『豊岡誌』巻中（一九四二年十月）

福澤研究センター編『慶應義塾入社帳』第一巻（慶応義塾、一九八六年三月）
藤原喜代蔵『人物評論学界の賢人愚人』（文教会、一九一三年二月）、国立国会図書館デジタルコレクションを参照
堀野周平「明治初年における藩の議事制度─上総国柴山藩の会議所巷会を事例に─」（『地方史研究』六十四巻二号、二〇一四年四月）
同「千葉県の府県史料編纂と佐倉」（『佐倉市史研究』二十九号、佐倉市、二〇一六年三月）
同「直轄県における開墾仕法─日光県を事例に─」（下野近世史研究会編『近世下野の生業・文化と領主支配』（岩田書院、二〇一八年七月））
同「直轄県における議事制度─浦和県御用会所組合を事例に─」（『立正史学』百二十六号、二〇一九年九月）
同「日光県開墾仕法の展開─都賀郡富岡村・板荷村の事例を中心に─」（『報徳学』十七号、国際二宮尊徳思想学会、二〇二三年四月）
同「日光県の開墾仕法と久保田譲之助」（『鹿沼史林』第六十二号、二〇二三年四月）
同「直轄県の貢租改革─日光県の検見・安石代・畑方米納─」（近代租税史研究会編『近代日本の租税と社会』有志舎、二〇二四年刊行予定）
松尾公就『二宮尊徳の仕法と藩政改革』（勉誠出版、二〇一五年五月）

同『尊徳仕法の展開とネットワーク』（岩田書院、二〇一三年十月）
松尾正人「明治初年の関東支配―下野国小山を中心として―」（東海大学史学会編『東海史学』第十九号、一九八五年三月）
三浦茂一「明治維新期における直轄県の形成」（小笠原長和編『東国の社会と文化』梓出版社、一九八五年四月）
三田商業研究会編『慶應義塾出身名流列伝』（実業之世界社、一九〇九年六月）
宮武外骨『府藩県制史』（名取書店、一九四一年三月）、一九七三年六月に崙書房より刊行された影印版を参照
真岡市史編さん委員会編『真岡市史』第七巻近世通史編（真岡市、一九八八年三月）
八鹿町編『八鹿町史』上巻（八鹿町役場、一九七一年五月）
吉家定夫「豊岡藩と慶應義塾」（『近代日本研究』第十七巻、二〇〇七年三月）
渡辺隆喜「地方民会の成立過程」（『地方史研究』第九十七号、一九六九年二月）

［著者紹介］

堀《ほり》野《の》周《しゅう》平《へい》

1988年　千葉県千葉市生まれ
2011年　立正大学文学部史学科卒業
2013年　同大学大学院文学研究科史学専攻修士課程修了

流山市教育委員会図書博物館市史編さん資料調査員、千葉県文書館県史・古文書課嘱託、鹿沼市教育委員会事務局文化課嘱託職員を経て、現在、鹿沼市教育委員会事務局文化課主任主事

［主要著作］

・「明治初年における藩の議事制度－上総国柴山藩の会議所巷会を事例に－」
（『地方史研究』64巻2号、2014年）
・「家禄奉還制度の展開－千葉県を事例に－」
（近代租税史研究会編『近代日本の租税と行財政』有志舎、2014年）
・「直轄県における議事制度－浦和県御用会所組合を事例に－」
（『立正史学』126号、立正大学史学会、2019年）　など

日光県開墾仕法と栃木の近代

その後の報徳仕法 —

2024年7月31日　第1刷発行

［著　者］　堀野周平

［発　行］　有限会社　随想舎

〒320-0033 栃木県宇都宮市本町10-3 TSビル
TEL 028-616-6605　FAX 028-616-6607

振替　00360-0-36984
URL　https://www.zuisousha.co.jp/
E-Mail　info@zuisousha.co.jp

［装　丁］　塚原英雄

［印　刷］　晃南印刷株式会社

定価はカバーに表示してあります／乱丁・落丁はお取りかえいたします
　ISBN978-4-88748-433-7